集结超强设计达人私房秘笈，
绝不浪费空间的装修方案

小户型装修改造升级秘笈

漂亮家居编辑部 著

海峡出版发行集团 | 福建科学技术出版社
THE STRAITS PUBLISHING & DISTRIBUTING GROUP | FUJIAN SCIENCE & TECHNOLOGY PUBLISHING HOUSE

图书在版编目（CIP）数据

小户型装修改造升级秘笈 / 漂亮家居编辑部著 .—
福州：福建科学技术出版社，2021.5
ISBN 978-7-5335-6357-8

Ⅰ.①小… Ⅱ.①漂… Ⅲ.①住宅 - 室内装饰设计
Ⅳ.① TU241

中国版本图书馆 CIP 数据核字（2021）第 018634 号

书　　名　小户型装修改造升级秘笈
著　　者　漂亮家居编辑部
出版发行　福建科学技术出版社
社　　址　福州市东水路 76 号（邮编 350001）
网　　址　www.fjstp.com
经　　销　福建新华发行（集团）有限责任公司
印　　刷　福建新华联合印务集团有限公司
开　　本　700 毫米 ×1000 毫米　1/16
印　　张　14
图　　文　224 码
版　　次　2021 年 5 月第 1 版
印　　次　2021 年 5 月第 1 次印刷
书　　号　ISBN 978-7-5335-6357-8
定　　价　65.00 元

书中如有印装质量问题，可直接向本社调换

目 录
CONTENTS

001 **最强设计达人私房坪效秘技**

003 空间重叠、活动机关共享，面积不变也能有超高坪效
009 空间配置、功能整合、形体美感，打造三合一的极致坪效
015 善用垂直高度打造极限复合功能，创造家的最大坪效
019 巧用隐形机关收纳，功能与美感并存
023 善用小角落，化零为整，争取更大的生活空间
029 专精平面配置，找出坪效最大值
037 流畅动线与复合设计，重塑高坪效好空间

043 **一物多用，把家变大**

045 拉门 + 低背沙发，小孩房也是客厅的延伸
047 架高大卧榻满足休憩、收纳需求，更兼具实用座椅
049 中岛结合料理台与用餐区，运用更多元

051 巨型储藏、功能方块，也是猫咪的秘密基地
053 造型电视墙兼具收纳、展示功能，创造自由双动线
055 化整为零，解构收纳柜，打造透光屏风
057 整合通铺、客厅、茶室，串联父子生活
059 一道墙串联收纳、展示空间与电视墙
061 功能、层高提升！镜面反射拉宽多功能电视墙
063 移动大滑门也是隔间墙，巧妙设计令视野、采光翻倍
065 玄关、客厅两用的 6m 双面机关墙
067 两区共用双面柜，串联空间功能
069 一道墙结合多功能，放大生活尺度
071 Z 字柜体打造外衣收纳区、穿鞋椅与鞋柜
073 一体两面隔间柜，满足小面积住宅收纳需求
075 一道轻薄的电视柜创造隔间、收纳多种用途
077 电视墙整合书桌，开放格局更显宽敞
079 悬浮吧台延伸出铁件光盒，整合隔间、收纳功能
081 电视墙兼拉门，功能更灵活
083 用餐台、电器柜、咖啡吧，一个中岛全都满足
085 木质框景创造随兴座椅与丰富收纳空间
087 电视柱提供全方位观赏角度
089 拉出衣柜抽屉，变出梳妆区
091 可折叠餐桌，狗狗开心奔跑，餐椅也是穿鞋椅
093 相同材质延伸，楼梯成随兴座椅
095 利用高低差设计台面，同一屋檐下的多元活动功能
097 不锈钢旋转电视墙，兼具耳机、杂志收纳功能
099 一字型多功能柜，解放动线，生活更自由
101 架高卧榻兼具客房、收纳功能，以退为进还给生活更舒适的空间
103 电视、玄关屏风也是穿鞋椅
105 书墙延伸出楼梯，巧妙串联滑梯
107 孩子的秘密基地三重奏！一体成形的衣柜、卧榻、床

109 百变墙面隐藏餐桌椅、电视柜，满足多元生活需求
111 化零为整，双面柜创造回旋动线
113 双面柜，是公私区域隔间，也是视觉焦点
115 衣柜兼隔间，清晰分隔区域
117 完美划定格局的多功能墙
119 拉齐墙面，鞋柜也是涂鸦墙、留言板

121 **区域重叠，创造多一房**

123 是衣柜、书房，也是客房，打造住家版魔术方块
125 复合柜体藏机关，客厅可休息也能变出大餐桌
127 是餐厅、起居室，也是客房，拥有超强收纳的多功能餐厨区
129 拉起折叠门，客厅就是舒适客房
131 弹性上掀床，客房也是瑜伽室
133 复合式柜墙与大尺寸餐桌，餐厅兼做工作区
135 现阶段是客房、主卧休息区，未来可变为上下铺小孩房
137 移开书柜！变出独立客房
139 一房两用，书房兼做家庭健身房
141 拉收床架之间，卧房变麻将间、游戏室
143 悬吊式书桌，争取多一房功能
145 过渡空间兼具游戏室、书房多元功能
147 复合中岛整合用餐、收纳空间，创造超高坪效
149 兼备收纳、展示与化解风水问题的多功能隔屏
151 拉阔廊道，打造可开合的儿童游戏区域
153 卧房、书房合二为一，空间感加倍放大
155 复合功能区，书房、餐厅都适用
157 巧用拉门，书房变身起居室、客房
159 电视横移，现出完美收纳墙
161 移开 L 形玻璃门，让游戏区更宽敞

163 厨房、书房、餐厅多合一，打造专属的贵宾包厢
165 以玄关连接阳台，打造阳光下的孩子王国
167 复合柜墙收纳厨具，空间的最大化利用
169 百变地面“变出”家具、收纳区与游乐场，带来更多可能
171 滑梯、卧榻，客厅是孩子的游乐场
173 客厅结合开放书房，满足大量收纳需求
175 拉门、折叠门，开启客房、健身房、小孩房
177 架高平台是实用餐椅延伸，也是起居休憩区
179 架高小孩房连接主卧，有限面积延伸出无限功能
181 内藏游戏阁楼的超能书房
183 架高设计，整合床铺、储藏室与更衣室
185 一墙衍生出琴房、家庭剧院
187 功能已达上限！ 4.29m² 双层客房、书房

189 **小角落再利用，扩充收纳空间**

191 将粗柱化为造型，合并双 L 形餐厅、书房
193 楼梯转角置入框架，打造孩子的秘密基地
195 双轴长椅建立亲密关系，善用角落空间
197 凸出的窗台打造休憩平台、单人床与超强收纳区
199 边缘空间变成超好用工作区
201 柱体间的小空间，变身小书房
203 运用小角落的 120cm 高度，衍生出游乐场与独处空间
205 厨房设备藏于楼梯下，争取空间的最大使用面积
207 漂浮楼梯内嵌餐桌，暗藏收纳区
209 楼梯整合厨房烹饪区、收纳空间
211 墙柜内嵌电脑桌取代书房
213 斜向电视墙，调整不规整格局，创造收纳区，带来放大视感
215 无用窗边区化身卧榻、游戏区与收纳区

最强设计达人
私房坪效秘技

49.5m^{2}居然能拥有适合热炒的U字形厨房、一个中岛轻食吧台，以及可让孩子游戏攀岩、爸爸健身的运动区域，听起来很不可思议，但这也说明，无关乎面积大小，空间的使用效率确实能被提升。精选最强设计达人首次公开坪效规划私房秘技，多一二房绝对不是问题！

德国iF设计金质奖 **黄铃芳**

弹性格局高手 **利培安+利培正**

台湾TID奖 **陈荣声+林欣璇**

红点设计金奖 **郑明辉**

好宅设计师 **陈嘉鸿**

乡村风高手 **王思文+汪忠锭**

一物多用国民设计师 **翁振民**

空间重叠、活动机关共享，面积不变也能有超高坪效

馥阁（FUGE）设计

德国iF设计金质奖 创办人及总监 黄铃芳

屡获国际各大奖项，甚至还拿下“设计界奥斯卡”德国iF设计大奖的黄铃芳设计师，总是能找出最适当的空间比例，放大视觉尺度，同时运用功能、区域重叠共享的设计概念，加入她最擅长的活动机关设置，创造出许多意想不到的功能。

经历

2009年 成立FUGE馥阁设计

得奖情况

2017年 德国 iF Design Award / iF 设计金质奖

2017年 日本 Good Design Award 优良设计奖

2017年 中国台湾 金点设计奖 / 年度最佳设计入围

2017年 中国台湾 TID Award室内设计大奖 / 居住空间类微型 TID 金奖

2017年 中国 40 UNDER 40 中国杰出青年 / 全国榜

2017年 中国 现代装饰国际传媒奖 / 年度空间家居大奖

2017年 中国台湾 亚洲设计奖 / 现代组金奖

2017年 中国台湾 亚洲设计奖 / 前卫组银奖

2018年 德国 Red Dot Design Award 红点设计大奖 / 红点奖

2018年 德国 iF Design Award / iF 设计奖

2018年 中国台湾 Dulux 多乐士大中华区空间色彩奖 / 色彩趋势奖

2018年 中国 筑巢奖 / 专业类金奖

坪效升级必杀绝技
4大关键

1 功能柜墙设计，创造双倍坪效

如果只是单纯的隔间墙，反而是一种不必要的浪费。想要空间能被有效利用，就得从功能的整合共享概念去思考，将墙、隔间、柜、拉门这些属于立面体量的设计视为一体，电视墙、展示柜不但能共用深度，展示柜的门片又能作为弹性隔间，空间可封闭可开放。又或者是电视墙与电器柜共用一面墙，除了带来收纳功能，也自然划分客厅、餐厨动线。

空间设计及图片提供：馥阁（FUGE）设计

2 架高平台串联各个空间，衍生出行走、收纳、用餐区域

挑高住宅经常面临空间的高低落差问题，但又无法回避行走动线的规划，秉持只要多做就是浪费的中心思想，黄铃芳设计师通过架高平台的规划手法，创造出超乎想象的生活功能。平台不仅是行走廊道，串联各个空间，也延伸至立面，额外增加许多丰富的储藏空间，同时，设计师刻意让平台与床铺高度齐平，如此一来，平台、廊道还可以是婴儿床、孩子学爬、嬉戏等多用途空间。

空间设计及图片提供：馥阁（FUGE）设计

3 思考生活画面，用活动机关让生活更轻松便利

利用五金配件，让家具或是收纳可以任意移动、隐藏，是许多小坪数住宅提高坪效的手法，不过，活动机关若忽略了未来使用的便利性，反而对屋主来说是一种麻烦！黄铃芳设计师在思考平面规划时，便带入生活画面的想象，例如在仅仅33m^{2}的小宅，电器柜内巧妙设置抽板设计，作为小厨房的台面延伸，能暂时放置煮好的料理，抑或者是沙发推拉延展成为床铺，棉被、枕头完全不用收，就能把床推进架高地板底下，保留沙发的功能。

空间设计及图片提供：馥阁（FUGE）设计

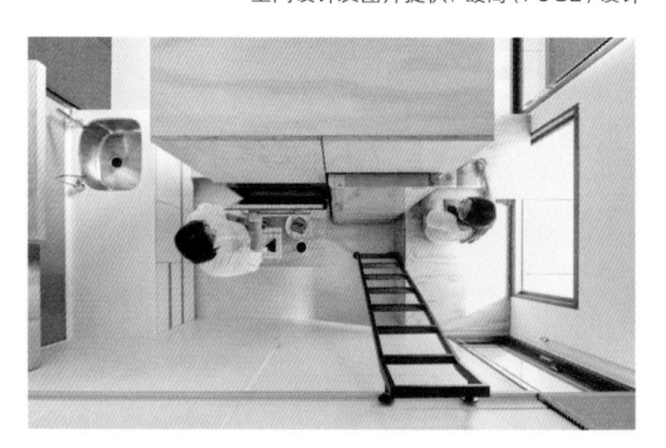

4 一个小柜子代替一房的使用功能

除非是藏书量特别多，或是属于居家办公族，否则独立规划的书房配置，很容易造成坪效的浪费，若仅是需要能阅读与使用电脑的空间，不妨利用结构的落差深度创造一面柜墙，利用25cm左右的深度，搭配滑门开合使用，就能将书房收进柜内，下翻式桌板将桌面从25cm变成50cm好书写的平台，再乱也看不到，甚至不用烦恼整理的问题。

空间设计及图片提供：馥阁（FUGE）设计

精算空间比例，49.5m²有双厨房、攀岩健身区、大书墙

新房有着都市难得一见的庭院景观，是打动屋主决定换屋的关键之一，“49.5m²的房子会不会住得很不舒服？”即便曾一闪而过这样的念头，不过在看过黄铃芳设计师规划的众多小宅案例之后，屋主全然地相信问题一定能获得解决。对黄铃芳设计师来说，面积绝对不是问题，只要精算空间比例、做好动线配置，小宅不但能住得舒服，还可以增加连屋主都想不到的功能！

挑高4.2m的49.5m²空间，将电视墙、楼梯、轻食吧台彻底整合，楼梯下的空间是人造石包覆的悬浮吧台，视觉上轻盈利落且通透；电视墙背面是丰富的收纳墙，走在楼梯上就能拿取高处柜子里的物件。有趣的是，落地窗边规划了一处多功能空间，结合可承重90kg的橡木吊环，既可以当作秋千，也能健身使用，墙面设计了一个个圆形开孔，除了是孩子的趣味攀岩区，也方便收纳男屋主的哑铃。

更令人吃惊的是，小宅甚至还能拥有“U”字形厨房，与吧台、多功能空间、露台配置在同一开放轴线上，让视线全然地延伸，更显宽阔。上层卧房高度保留185cm，行走其间依旧感到舒适自在，同时利用主卧与小孩房之间的小空间，打造小孩房衣柜，深度120cm可悬挂双排衣物，搭配拉门设计，亦可延伸作为孩子的游戏区。

玄关入口处利用楼层间产生的深度，结合电动式升降柜五金配件，创造出完美的收纳空间。

即便面积只有49.5m²，但通过准确的格局比例掌控，电视墙成为屋子的轴心，打造出自由环绕动线，也让小宅能拥有“U”字形大厨房，以及中岛吧台与餐桌。

电视墙的另一侧是通往二楼私人空间的动线，墙面整合带来大量的储物功能，也恰好利用楼梯的高度，提供轻松拿取的便利。

利用通往户外阳台的落地窗面规划多功能空间，架高的地面设计，成为可以随兴坐卧的平台，也带来隐藏的收纳功能，墙面开孔除了可攀岩，还能放置哑铃等小物件，结合橡木吊环，就是爸妈与孩子共享的运动、游戏角落。

空间设计及图片提供：馥阁（FUGE）设计

空间配置、功能整合、形体美感，打造三合一的极致坪效

福研设计

一物多用国民设计师 **设计总监** 翁振民

坪效高低无关乎面积大小，提升坪效的重点在于将空间使用得“恰到好处”！翁振民设计师认为，这不仅是个数学的问题，也是个“感觉”的问题，不论是让空间更具有弹性使用的机会，或是将多种需求整合在同一个空间里，只要让居住者既可以感到空间的宽敞，又能拥有复合式使用的区域，高坪效就达标了！

经历

台湾东海大学建筑系学士

上海飞行设计商空组组长

境新工程设计（股）专案设计师

合院建筑专案设计师

得奖情况

2008年 中国台湾TID Award室内设计大奖

2008年 奥地利Ring-ic@ward international interior design

2008年 iF design award china

2009年 La Vie杂志台湾100大设计力

2017年 意大利A'DESIGN AWARD WINNER

坪效升级必杀绝技 5大关键

1 和隔间说再见，家具动起来

为满足屋主期望在客厅和餐厅都能观赏电视的需求，量身定制会旋转的电视柜，不仅省去了占空间的电视墙，使公共空间更宽敞，而电视柜本身也集杂志、CD的收纳功能于一身，同时，省去买两台电视的钱，经济又聪明！

空间设计及图片提供：福研设计

2 因地架高，功能1+1>2

老屋改造后，厨房位置有所挪动，并采用开放式的中岛厨房设计，为保持与公共领域同样的地面高度，设计师利用窗边和中岛之间的位置创造架高区域，一方面作为管线走道，一方面作为景观卧榻区。

空间设计及图片提供：福研设计

3 善用柱体，做功能总“盒”

在考量以开放式厨房为家居核心的空间诉求，客厅运用柱体周围空间，在不影响动线的前提下，创造拥有三方收纳功能的复合式电器柜，一面作为冰箱和电器柜使用，一面作为电视墙，另一面也有小储物柜。

空间设计及图片提供：福研设计

4 弹性空间，功能复合不复杂

住宅的第二个主要功能就是在亲友前来时，能齐聚一堂、主客尽欢，把厨房、餐厅、榻榻米架高区整合在同一个区域，以柱体作为厨房区和用餐区的隐性分野，通过功能的互相衔接，创造更弹性且多元的使用方式。

空间设计及图片提供：福研设计

5 为功能与基地而生的造型美

将厨房设计为开放式的，以弧形争取最大的使用空间，杯状的造型吧台延伸出放置咖啡机的小餐台，上方设计红酒杯架，下方放入红酒冰柜，360° 都有其用途；对面榻榻米空间也相应设计成弧形，保持过道畅通。

空间设计及图片提供：福研设计

坪效设计
案例学习

形随功能而生！弯曲“折”学之家

115.5m²的错层空间，原本楼梯设计不佳，不好使用也让空间变得拥挤昏暗，一对夫妻加上两个孩子，需要三间房、客餐厅，外加一个神明厅，这么多东西要如何井然有序地安置在有限的空间里呢?

设计师重新调整楼梯位置，将之设计为此家的中心角色，串联起低楼层的基础生活区与高楼层的私密地带；以白色与木质色系打造居家的明亮气息，采取建筑学里的有机形体概念，通过一片木折板，自主卧室的入口开始，延展至天花板，成为厨房与客厅的分界；下折成为餐桌吧台，弯曲成为窗边的阅读书桌，再转身成为景观休憩区的沙发基座，如行云流水般将格局、功能集于一身，精致地将功能与需求整合到空间的形体之中，既符合生活需求，又有造型美感。

此外，楼梯与电视柜合二为一，以镂空的设计增添挑高空间的通透性与层次感，纤长的木扶手带来向上延展的视觉效果，空间的尺度被拉得更高，扶手的底端设置一个小型展台，秀出屋主孩子亲手制作的建筑模型，借由材质的延伸与形体的串接，将一家四口的美好生活串联在一块。

空间设计及图片提供：福研设计

入门后左侧用具有圆孔造型的拉门将红色高立的“神明厅”隐藏起来，若隐若现也成为吸睛焦点。

将楼梯的第一和第二阶与电视柜结合，转折后的楼梯下方空间也被充分利用，设计成公仔展示间，放着屋主的珍藏公仔。

除了在扶手末端设置建筑模型展台，墙面也设计成为家庭布告栏，随时张贴纸条或生活照片！

利用梁柱作为木桌板造型的根基，延伸出L形的木桌板，两侧各有其功能且不失其整体性。

空间设计及图片提供：福研设计

善用垂直高度打造极限复合功能，创造家的最大坪效

力口建筑

弹性格局高手　　力口建筑主持人　利培安、利培正

同样的使用面积，规划后就能创造多一房，甚至是多出可以放200双鞋子的空间，关键在于格局改造！利培安和利培正这对兄弟档设计师，一个懂得善用空间的每一处死角、高度，并且整合一物多用、功能隔间概念，一个擅长将设计转换为实际施工，借由灵活五金配件的运用，尺寸比例的拿捏，提升家的最大运用值。

经历

利培安 实践大学空间设计学系

利培正 台北科技大学土木工程学系

2006年 成立力口建筑

得奖及作品情况

2011年 TID 无印良品展场设计入围

2014年 台北Rosso 罗索咖啡

2014年 台北Cama Café 信义路办公室

2014年 台北Cama Café 信义路敦南店，信义路东门店、爱国店等

2014年 台北许芳宜与艺术家舞蹈教室

2015年 台北MANO SELECT 慢镘艺廊

2015年 台北文博会 La Vie 展场

2015年 高雄红顶谷创观光工厂

2016年 台北师大夜市师园盐酥鸡

2016年 日本涉谷 Handscape 建筑与金工联展

2017年 台北东篱画廊

2017年 屏东竹田大和顿物所

坪效升级必杀绝技 4大关键

1 极限复合功能设计，最能节省空间

希望每一寸空间都能彻底被利用，发挥极大化的功能，就必须运用复合设计概念，例如直接使用厨具的立面作为电视墙，厨具转角较难利用的角落还能放置设备柜；甚至无需增设书房，餐柜加上滚轮五金，既是餐柜又能拉出来作为孩子的阅读区。

空间设计及图片提供：力口建筑

2 善用地面高度差、楼梯下方变柜体

复式空间最大的优势就是可以利用地面的高度差，设置两个不同高度空间共用的柜体，同时又刚好作为空间的界定，搭配局部镂空设计，就能保证视线的延伸与放大。除此之外，楼梯下方也是创造坪效最好利用的角落，可依据空间大小规划为开放书架、卧榻、柜体，甚至可以运用五金滚轮，将椅子隐藏在内，需要时再拉出，避免占据空间。

空间设计及图片提供：力口建筑

3 功能墙取代隔间，光线通透、放大空间感

空间的区隔不一定非得是完整、封闭的隔间墙，过多的隔间划分，空间会变得零碎，更是浪费坪效。运用具有功能性的柜体作为隔间设计，同时可以保证空间开阔、区隔区域以及增加收纳。例如厨房与书房之间利用书柜做隔间，且选择具有透视感的玻璃与铁件为柜体结构，光线通透明亮之余，还可保留后方的山景。

空间设计及图片提供：力口建筑

4 利用垂直高度争取收纳空间

比起倚墙而设的大面柜体，提升空间坪效除了须思考面积，也应将屋主的兴趣纳入规划。目前小住宅有挑高或是复式的形式，当平面的面积受限时，建议利用高度换取收纳空间，即便是99m^2～165m^{2}的住宅，与其做满一整面柜子，利用从沙发转折至走道的墙面规划开放式书架，会相对省空间，同时，也可满足充足的藏书量，甚至能成为空间的独特主题，彰显使用者的生活品味。

空间设计及图片提供：力口建筑

巧用隐形机关收纳，功能与美感并存

摩登雅舍室内设计

乡村风绘图天王、收纳天后　　设计总监 汪忠锭、王思文

格局配置最重要的是要留出每个空间、家具、收纳区、走道的位置，尤其是小面积，空间分配向来是难题，在收进大量物品的同时，也不能让空间显得狭窄。最好的设计就是将柜体隐于无形，再通过机关、五金的协助，收纳量顺势扩增两倍，又不占空间。同时调整格局，达到空间宽敞、动线顺畅、功能配置完善的美好家居。

经历

汪忠锭

台湾艺术大学

就职于李祖原建筑事务所、取得营建署检定室内装修设计人员证、从事室内设计20多年

2007年 成立摩登雅舍室内设计

2014年 出版《乡村风订制专卖店：乡村风天后Vivian不藏私，色彩、布置、家具采购大公开》

王思文

2007年 成立摩登雅舍室内设计

2014年 出版《乡村风订制专卖店：乡村风天后Vivian不藏私，色彩、布置、家具采购大公开》

得奖情况

2017年 德国柏林设计奖金奖

2017年 美国Chicago Design Awards金奖

2017年 美国New Your Design Awards银奖

2017年 LICC英国伦敦国际创意奖

2018年 意大利A' Design Award银奖

坪效升级必杀绝技 6大关键

1 家具与柜体合并，减少占用空间

若在小面积住宅中，柜子和家具并存，空间通常所剩无几，尤其是客房，床具与桌子的使用频率较低，放着也占位置。不如与柜子合并，改成掀床或抽拉桌板式设计，让大体积的家具被隐藏起来，留出广阔的使用空间作为它用，提升空间坪效。

空间设计及图片提供：摩登雅舍室内设计

2 调整格局，为闲置空间赋予功能

在大面积的房屋中，若是配置不佳，容易多出闲置空间，反而显得过于空旷，空间比例也不对。像过大的客厅建议在电视墙后方安排储藏区，能缩短电视与沙发的间距；而卧房则能分出睡眠区与更衣间，让收纳功能更丰富。

空间设计及图片提供：摩登雅舍室内设计

3 善用五金与墙深，多了收纳区

行李箱、大衣、雨伞这些出门就会用到的物品，总是散落在房间各处，不妨通通放到玄关，出门就能随手拎走。善用五金，在穿鞋椅上加滑轨，就多了约40cm的柜体深度，放行李箱也不是问题。两侧的高柜更是分格细密，切分出鞋子、雨伞、大衣的区域，所有物品都有专属的位置。

空间设计及图片提供：摩登雅舍室内设计

4 舍弃单一功能，功能空间与廊道重叠不浪费

配置长型空间时，经常会将客餐厅的公共区与卧房的私密区，分配在空间的前后或左右两侧，就容易形成长廊。这廊道多半只用来行走，未免过于浪费，也容易因过长而产生阴暗问题。建议拓宽廊道范围，将餐厅巧妙配置在廊道上，让过道也成为空间的一环，消除原有的狭窄印象。

空间设计及图片提供：摩登雅舍室内设计

5 善用梁下、楼梯下，零碎空间发挥作用

配置格局时，不是每个空间都能完美被利用，尤其是楼梯下、梁下、柱体旁，总是会留下难以运用的小空间。而这些区域多半有30cm～40cm的深度，建议加上层板或柜体，扩充收纳量，不仅有效形成干净利落的立面，也让物品各有所归。

空间设计及图片提供：摩登雅舍室内设计

6 梁下窗边设卧榻，能休憩又多了收纳空间

有时会发现格局中有大梁横在临窗处，由于梁下离窗边多半会有50cm~80cm的空间，难以安排家具，又不能放柜体会阻光，多半成为闲置空间。不如在窗下增设卧榻，让空间得以完善利用，不仅多了悠闲的休憩区域，也可在卧榻下方增加收纳空间，扩充功能。若不设卧榻，也可视空间需求，改放书桌或婴儿床，让空间运用更为多变。

空间设计及图片提供：摩登雅舍室内设计

善用小角落，化零为整，争取更大的生活空间

尔声空间设计

台湾室内设计TID奖　　设计师　陈荣声、林欣璇

从区域条件出发，伴随日光与穿透感，用独有的自然设计概念将体量化零为整，配合安全建材、最有效率且环保的施工环节。返璞归真的澳式创意，往往能创作出别具一格的住家画面，让居住者发自内心地露出幸福笑容。

经历

陈荣声

1998～2001年 新西兰奥克兰大学建筑系学士

2001～2002年 新西兰奥克兰大学建筑系硕士

2003～2007年 Archimedia, Auckland, 建筑师

2007～2013年 BVN Donovan Hill Architecture, 建筑师

2013年 澳大利亚新南威尔士州登记建筑师

2015年 尔声空间设计总监

林欣璇

1999～2003年 新西兰奥克兰大学荣誉建筑学士

2004年 新西兰奥克兰大学环保建筑硕士

2005～2006年 Angus Design Group, Sydney, Australia, 室内设计师兼公务部

2006～2008年 DEM Pty Ltd, Sydney, Australia, 室内设计师

2009～2010年 Levitch Design Associates, Sydney, Australia, 室内设计师

2014年 尔声空间设计主持设计师

得奖情况

2015～2016年 TINTA 新秀设计师奖

2018年 中国台湾TID Award室内设计大奖 居住空间类单层 TID奖

坪效升级必杀绝技 4大关键➜

1 把高度用得淋漓尽致，巧妙安排收纳更省空间

取代占据室内空间的落地柜体，将收纳规划在意想不到的高处，不仅释放出更充裕的活动空间，亦解决亲子家庭正面临着的玩具、小物众多难收纳的问题，带给居住者生活与视觉的双重自由。例如利用清爽的桦木框圈起客厅与小孩房的两片大窗，保留住家最重要的自然光来源，上方空间便是收纳重点所在，规划一整排的长型门片收纳，选用喷黑OSB甘蔗板，令视觉后退、减轻重量感，低调粗犷的纹理凸显细部质感。

空间设计及图片提供：尔声空间设计

2 一面墙拥有多种功能，争取高坪效

相较于在各个空间设置单独的柜体，将众多功能集中规划，是最省空间的做法。举例来说，在这个52.8m^2的住宅中，横跨玄关与厅区的转角墙面，内含穿鞋椅、鞋柜、回忆墙、电器柜、鱼缸、防潮收纳箱等，整合收纳体量于一处，让住家主过道成为功能最密集的超高坪效精华区。

空间设计及图片提供：尔声空间设计

3 共享空间，走廊变实用

走廊不单单只是串联各区域的配角，只要赋予合理设计，也能成为住家中的重要区域。利用100cm左右宽度的过渡区，加入收纳、装饰功能，即能大幅提高附加价值。从玄关入口处通往客厅的直线过道，特意扩增宽度、结合落尘穿鞋区，配上一整排纯白色配金的轻法式线板柜体，经由功能重叠、空间互享手法展现，不仅令走廊清爽舒适，坪效也得到大大提升！

空间设计及图片提供：尔声空间设计

4 活用零碎、难用角落，增加想象不到的功能

空间不是只有墙面可以利用，活用不起眼的临窗角落，也能创造功能与收纳空间！将收纳卧榻延伸至窗边，令游戏室三面都拥有功能空间，幼儿得以享有安全无障碍的活动区域，与客厅形成口字形的“脚踏车回路”，令空间有放大感。专属游戏室设计整面柜体，搭配另一侧悬柜、活动书桌，临窗处则在架高处设计柔软的收纳卧榻，让此处拥有两段式高度供孩子玩耍、阅读。值得一提的是，以窗台防水墩约7cm高度为基准的桦木架高边缘通过45°转角处理，搭配无毒夹板，打造能放心让宝贝们爬上爬下的活动天地。

空间设计及图片提供：尔声空间设计

坪效设计
案例学习

弹性界定令生活不再只有一种可能

创意源自生活，拥有二大、二小、二猫的大家庭，由于成员的需求、兴趣迥异，需要依据各自喜好调整。为了妥善收整一家子所需要的大小杂物，暗藏在玄关的独立储藏间与从入口延伸至窗边的视听墙，是公共区域最重要的收纳核心，化零为整的手法，有效减少占空间的零碎柜体，释放出简洁大气的方正厅区。一整道立面包含电视墙、书籍与茶具收纳展示柜，闲置的层板理所当然地成为猫咪的跳台，屋主可通过大理石薄砖滑门调整，视情况避免它们对特定收藏品进行破坏，令复合的功能空间布局，有了更人性化的细节处理。

此外，打开原本客厅后方实墙隔间，用L型角落拉门圈出一方随性开合的多功能玩乐、阅读室，全开放时能融入廊道与厅区，小朋友能在这里与父亲玩抛接球游戏，同时，这里也是孩子、猫咪们四处跑跳的无障碍安全领域；进一步来说，当下一代渐渐长大需要独立寝区，空间功能亦能随之变化，赋予住家成长弹性。

空间设计及图片提供：尔声空间设计

将住家公共区域的收纳整合于玄关后方储藏室与电视墙面，减少多余体量占据室内面积，释放简洁方正格局。

游戏室设计充足的收纳柜体，满足孩子们从小到大各阶段的收纳需求。L形拉门关起时能巧妙贴合多功能室的柜体外框，不会产生多余突兀线条。

打开客厅后方实墙，利用L形拉门打造弹性阅读、游戏区，全开放时融入公共空间，成为孩子与猫咪的无障碍游乐场。

空间设计及图片提供：尔声空间设计

专精平面配置，找出坪效最大值

IS国际设计

好宅设计师　　主持设计师 陈嘉鸿

擅长将视觉坪效放大至极致，而常被误认为是专做豪宅的IS国际设计主持设计师陈嘉鸿，对于接案空间面积向来没有限制。主张好宅设计的他，认为只要在第一步平面配置时找出空间最大使用值，不管选择了什么风格，只要线条比例合宜，材质工法搭配细腻，并兼顾居住者的生活功能，就能将空间的实际及视觉坪效发挥到最好。

经历

现任IS国际设计主持设计师

1997年至今 IS国际设计&优识企划

著作《室内设计师陈嘉鸿的隐藏学》《大材大用：陈嘉鸿的精工住宅美学》

坪效升级必杀绝技 5大关键

1 一次解决空间问题的平面配置

对陈嘉鸿而言，平面配置是设计的基础，任何空间问题都可以被解决，想要让空间达到不管是实质的坪效提升或是视觉放大的目的，一定要在平面配置时就下工夫，所以他花很多时间在思考平面配置上，在规划时就已将舒适、功能、美感及空间感等四种需求考虑进来，让空间发挥最大效益。

空间设计及图片提供：IS国际设计

2 把无用化为有用

都会区的房子空间有限，有着面积的限制，所以丝毫不容浪费，如何把无用空间化为有用是陈嘉鸿所擅长的，以走道为例，常隐身着强大的收纳柜，把隔间化为柜体，走道就不会是无用的空间，反而可用来收纳季节性的物品或家电。

空间设计及图片提供：IS国际设计

3 转换形式更好用

由于陈嘉鸿接案多以台湾北部都会区为主，对于都会区的生活形态有着相当的钻研，观察到多数屋主在家做饭机会不多，平时家人间也难得一起坐在餐桌用餐，因此他大力倡导以中岛替代餐桌，中岛可结合橱柜设计，不只是平时可轻松用餐的空间，同时也隐藏着强大的收纳功能，比起需要正襟危坐的餐厅更符合现代人的生活需求。

空间设计及图片提供：IS国际设计

4 将功能隐藏于无形

空间要被充分地运用才能发挥最大坪效，但过多功能置入会给空间带来压迫感，如何将功能隐藏于无形呢？擅长隐藏式收纳设计的陈嘉鸿，舍去收纳柜的手把，利用立面的切割线形做开关，让不同功能的柜体隐藏在空间各个角落，融入整体风格，兼顾实际及视觉坪效。

空间设计及图片提供：IS国际设计

5 视觉坪效也要发挥到最大值

提升坪效不止是把1 m^2空间当2 m^2使用，如何通过设计将视觉坪效发挥到极致，让只有99 m^2大的空间也能有165 m^2大的视觉感是陈嘉鸿所在意的。其秘诀就在于线条比例的掌握，只要将空间垂直及水平面的线条做整理，通过勾缝及线板来调节线条比例，以简洁、恰如其分的线条比例就能创造出最大化的空间视觉坪效。

空间设计及图片提供：IS国际设计

坪效设计
案例学习

调整门片多了收纳空间，也令空间坪效极大化

换屋对屋主而言是个意外，假日随兴看屋却被屋外的美景所吸引，进而决定买下这间四房的新成屋。说是四房但实际面积却不到99m^{2}且每个房间很小，不止主卧连放衣柜的位置都没有，3.3m^{2}大的小孩房更只能放张床和书桌，更不要说客厅还有根歪斜的大梁。对于陈嘉鸿在空间坪效的运用十分折服的屋主，特别找来陈嘉鸿希望能解决空间问题。

一进门看到客厅歪斜的大梁，陈嘉鸿不但没有提出包梁反而要把梁放大，通过木皮的装饰，梁反而成为客餐厅天花板的视觉焦点；且针对主卧没有衣柜的位置的问题，通过门片位置的调整也立即有解；3.3m^{2}大的小孩房更是在把门从推门改换成了水平拉门后，分分寸寸被运用，有了床、衣柜及书桌；走道当然也丝毫不浪费，成为收纳大型家电的空间；至于拉长尺度的中岛设计，不止创造复合功能，更是让空间突破面积的限制，创造出如豪宅般的空间尺度，实现屋主住好宅的梦想。

以中岛代替餐桌，结合收纳柜与中岛创造复合功能，同时，拉长中岛尺度，与天花板的造型梁呼应，任谁都看不出这是间不到99m^{2}房子的客厅，不止实地提升坪效，连视觉效果也放大了。

主卧的衣柜只能摆在临走道的墙边，但因宽度不足，若放了衣柜就只能从单边上下床，将门向外挪移70cm，便在床尾创造出衣柜的空间。同时将临走道隔间墙拆除，变成双面柜，让走道也具有收纳功能。

将3.3m^{2}大的小孩房房门从常见的推门，改成水平拉门，少了门片的开合，室内省了至少60cm的直径空间，同时，陈嘉鸿将床安在空间中部，并在下方设计收纳衣橱，将空间运用到极致。

空间设计及图片提供：IS国际设计

坪效设计
案例学习

让墙不只是墙也是功能空间

买下第一间房时，因为没有太多钱可装修，只是摆上现成家具，无法充分运用空间，让原本就小的家变得更为凌乱，因此买下这间较大面积的新居时，屋主要求不要有任何闲置空间，且一定要有足够的收纳空间。

将空间重新配置，陈嘉鸿运用有限面积找出坪效最大值，把横长型空间不可避免的走道变身成为收纳柜，隐藏式的门片设计，加上切割的线条，让走道墙面不但化身成为空间造型，同时具有强大的收纳功能；不止如此，将过长的主卧区切割，规划为睡眠、更衣及浴室等区域，置入收纳及舒压等功能，让睡眠区有专用的电视柜，并运用更衣室通往浴室的走道，自然划分出男女主人不同收纳区；而通过功能的整并，不止满足了干湿分离的需求，更打造了开阔的空间尺度，让空间不仅功能多，同时拥有更大的视觉感。

从大门往开放餐厨区延伸，陈嘉鸿规划了隐藏收纳柜，并运用线条切割形成手把，衔接餐柜做收边，提升了走道的坪效， 把无用变为有用。

将主卧的平面重新配置，把更衣室规划在主卧与浴室间，并充分运用走道及门片，在其中置入收纳柜及整衣镜，丝毫不浪费过道的空间。

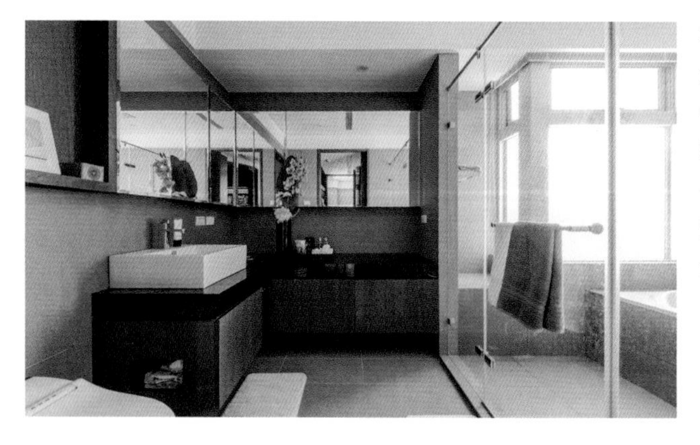

将浴室一分为二，一边规划为干区即梳化区，一边的湿区则将淋浴及泡澡区域整合，少了区隔浴缸及淋浴柱的拉门，空间坪效自然提升。

空间设计及图片提供：IS国际设计

流畅动线与复合设计，重塑高坪效好空间

虫点子创意设计

德国iF设计奖&红点设计奖　　设计总监　郑明辉

勇于以创意突破隔间僵局，更善于利用动线改造来提升空间灵活度。而为了做出最佳的坪效设计，借由区域重叠的复合式设计概念，再配合设计力整合复杂需求，让空间与墙面均能更简洁、宽敞，达成功能多元、美学优化的效果。

经历

2005年 台湾淡江大学建筑系

2007年 台湾淡江大学建筑研究所建筑硕士

得奖情况

2014年 中国台湾TID Award室内设计大奖 / 居住空间单层得奖

2016年 DFA亚洲最具影响力设计奖

2016年 得利空间色彩大奖 / 商业空间类特优奖

2016年 新秀设计师大赛 / 居住空间类银奖

2016年 德国IF设计奖

2017年 美国IDA国际设计大奖银奖

2017年 意大利A`Design Award银奖

2017年 新秀设计师大赛 / 居住空间类金奖

2018年 德国IF设计奖

2018年 德国红点设计奖

2018年 中国台湾TID Award室内设计大奖 / 室内设计居住空间类单层TID奖

坪效升级必杀绝技
4大关键

1 无墙化隔间让空间变宽敞

舍弃非必要性的隔墙设计，让空间变得通透、明亮，就是最直接的提升坪效方法，除此之外又带来采光、空气与景观的串联。不论是将沙发背墙创新地设计成漂浮展示架，使仅有的结构柱变成沙发靠背，或是通过拉门设计，都能保留格局最大的弹性，还能让视线不受阻碍，空间变得更宽敞。

空间设计及图片提供：虫点子创意设计

2 功能区立面化，小厨房也好用

开放式设计让餐厨区与客厅都有更大的空间感，并在空间界定上以木质天花板搭配吧台和轻盈木桌与客厅作出区隔，同时也满足用餐与备料的需求。最后，将厨房功能区立面化，如将冰箱、烤箱等电器事先量好尺寸，精准嵌入墙内，让空间保持简洁。

空间设计及图片提供：虫点子创意设计

3 小角落转化为格局定位点

将难以规划的阶梯形格局，由小而大逐一配置为书房、卧房及橱柜区，搭配柜体设计，让空间变得合理、好用，并且不浪费零碎空间。其中狭窄区作为书房，利用书桌与环绕式矮柜设计具包覆感的工作空间，卧床区则以衣橱拉齐墙面、修饰不规整的格局。

空间设计及图片提供：虫点子创意设计

4 灵活隔间让空间可大可小

区隔空间建议采用通透的材质或是可弹性移动的门片设计，视觉才能向外延伸，有效放大空间。如果是一个人居住，卫浴区可利用架高地板、玻璃隔墙与白色拉门，平常可打开拉门变为客厅的一部分，洗浴时也有大视野，以重叠区域的概念达成双赢坪效设计，而客厅后方以拉门作为隔断的多功能室，则可独立可开放，创造开阔感，更赋予多元功能。

空间设计及图片提供：虫点子创意设计

坪效设计
案例学习

调整格局与环状动线，小宅升级微型豪宅

透过重新调整格局，将59.4m^{2}的小住宅悄悄升级了。除了维持二房格局，屋内拥有走入式大更衣间以及泡澡浴缸等豪华设备，同时厨房变大了，客厅视野变宽阔，连客房都增加了储藏室，让收纳功能大幅提升，堪称微型豪宅，如此魔法般的设计主要来自于开放式设计与通透格局。

为了让格局更流畅，设计师郑明辉首先将独立式厨房移出，改为开放格局的餐厨区，并与客厅平行并列以避免室内采光受阻，也能令视野更为开阔，同时落实动线无形化的设计，而公共区域也因复合使用设计而拥有较原本更大的空间。接着将旧有厨房位置变更为主卧室更衣间，再将浴室放大尺寸、配置独立浴缸，同时把主卧室、更衣间与浴室之间串联成环状动线，室内行走时风景变得丰富多元了，也会让家有变大的错觉。

由于屋主单身居住，主卧室与客厅间采用三片可移动式玻璃门搭配帘子作隔断，平日主卧室可打开纳入客厅，若有客人也可独立使用。另一方面，浴室大片玻璃隔间同样让空间享有通透感，成就放大空间的效果。

厨房外移至公共区，面积虽不大，但利用电器柜将蒸炉、烤箱等设备嵌入墙内，能满足多数烹调需求。吧台与餐桌结合较省空间，可坐3人的餐桌也可作为工作台面，让料理工作更顺畅。

客厅空间不大，但由鞋柜往内延伸的珪藻土墙与矮柜具有视觉延伸效果，沙发后方与主卧室间的玻璃隔间又拥有通透感，侧面的餐桌也采用顺向设计，使客厅看起来比实际大不少。

原位于主卧室床头后方的封闭厨房改为更衣室及厨房电器柜，而改为采用穿透玻璃隔间的主卧室则放大了空间感，同时也让室内采光更优化。另外，窗边L型坐榻区则增加收纳区及座区。

空间设计及图片提供：虫点子创意设计

一物多用，把家变大

只要懂得善用空间，家不止能变大，还可以多出许多意想不到的使用功能，从1+1大于2的方向去思考，双面柜兼具隔间，家具可以伸缩隐藏收进柜子内，中岛吧台除了收电器，亦可储放书籍，一物多用创造极致坪效。

概念

1

复合功能柜完胜实墙隔间

既然空间没办法变大，就必须舍弃实墙隔间，取而代之的运用手法如：一座双面柜体作为隔断，电视墙与半腰餐柜结合，或是书墙与衣柜合二为一，都能将坪效发挥到最大。

概念

2

最不占空间的家具隐形术

餐桌、餐椅或是梳妆台算是占去空间最大的几个家具，假如居住成员单纯，或是使用频率不高，不如选择能轻松移动组合的方式，利用伸缩折叠、滑轨以及滚轮五金暂时将它们藏起来，需要时再打开使用，就能让空间更为宽敞。

概念

3

中岛吧台整合收纳与用餐空间

中岛吧台乍看是小面积住宅最奢侈的规划，但其实只要抓对适当的比例，一座中岛吧台不但可以摆放小家电，吧台的悬吊柜体能作为杯架收纳，吧台侧边亦可储放许多书籍、杂志，甚至成为最独特的展示陈列角落。

概念

4

活动门片是隔间也是电视墙

墙是切割空间，造成视觉狭小的最大元凶！利用衣柜拉门打造可滑动的电视墙，或是采用折门、拉门作为弹性隔间，自然能彻底释放空间，创造视觉放大的效果。

赚9.9m²
案例学习

拉门+低背沙发，小孩房也是客厅的延伸

空间设计及图片提供：工一设计

客厅后方长4.5m、宽2m的区域，利用拉门、折叠门片，与柜墙围出一方弹性空间。现阶段平时是小朋友的卧房，全面开放时则可融入公共区域，令厅区立刻放大一倍。当小朋友们在此处嬉戏玩闹时，低背沙发的无阻碍视野，让家长能完全放心，搭配一旁柜体内嵌书桌提升功能性，亦能当作男女主人临时书房使用，赋予住家空间使用上的多重可能。

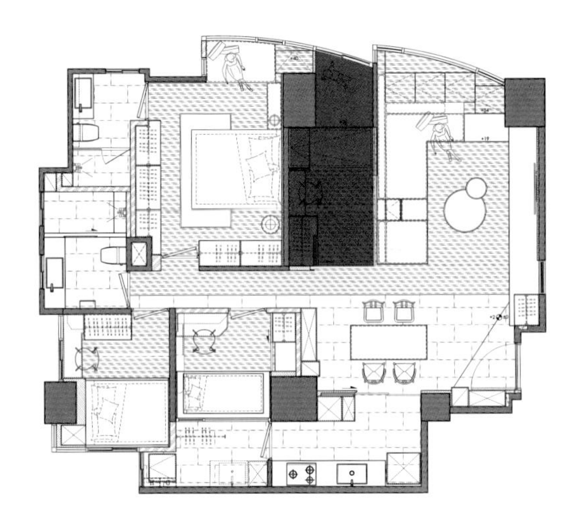

平面计划

除了主卧、小孩房、客房外，客厅后方开放时可充当延伸的活动区，关起时亦能作为第二间小孩房使用。

规划策略

材质 | 多功能室门片皆为木作喷漆施工，与客厅低背沙发、临窗活动区都是定制而成，让两者能紧密联结。

尺寸 | 多功能区长4.5m，宽2m，现阶段合上时可作独立小孩房，待小朋友长大后可敞开纳入公共空间。

工法 | 靠沙发背侧一面为深灰滑门，走道面则为清水模漆折门。折门完全折叠收纳后则可顺势成为端点柜体门片。

架高大卧榻满足休憩、收纳需求，更兼具实用座椅

空间设计及图片提供：路里设计

仅仅33m²的微型住宅，既然是一个人住，便无须被传统空间框架束缚，保留最必要的浴室、更衣间门片，卧房以大尺度的架高卧榻概念，与公共领域形成既私密又通透的空间。相较于原本只能放置标准单人床的独立卧房，通过精准的比例划分，反而能摆放加大双人床垫，地面下又隐藏丰富充足的收纳空间，而2阶各22cm高的踏面，也恰好延伸成为座椅，当朋友来访时便能围绕踏面谈天说笑。

平面计划

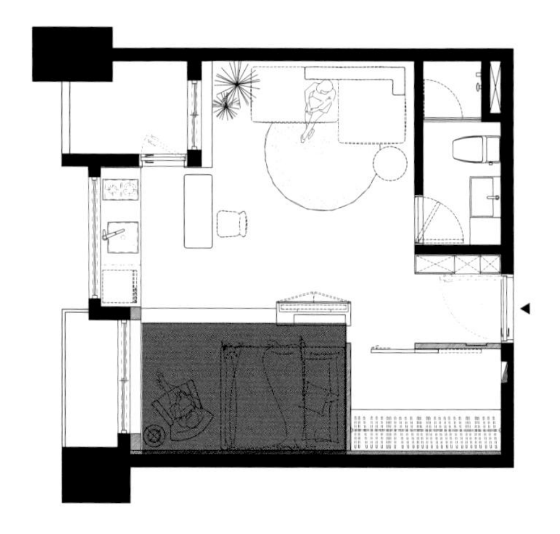

原本方正的格局因一道隔墙彻底划分公、私区域，导致动线狭窄拥挤，也让空间变成长形结构难以利用。将隔墙拆除，以半开放格局重新思考卧房，利用地面高度的变化，巧妙地隐喻空间区域的转换，同时也增加独立的更衣间与储物间。

规划策略

材质 和室选用与厅区一致的海岛型实木地板，搭配以白色为主的基调，令空间清爽透亮。

尺寸 架高和室地面隐藏9格120cm×60cm的收纳空间，可放置换季寝具、棉被等大型物件。

工法 将实木地板与夹板做贴合，并刨去局部厚度做出内凹角，同时以相同的实木材料收边，让和室地面更为平整。

赚 $6.6m^2$
案例学习

中岛结合料理台与用餐区，运用更多元

空间设计及图片提供：一它设计 i.T Design

由于屋主向往欧美开放式的中岛餐桌，于是设计师将原本狭小的传统厨房格局做变化，先拆除了原本墙面，迁移管线，厨房台面也一分为二：一边为洗手槽，另一边为炉灶，炉灶同时也延伸出吧台、餐桌，由于此处空间较小，设计师为屋主量身定制了多切面餐桌，通过几何形状增加用餐的座位数，也在无形中大大提高餐桌的使用坪效。

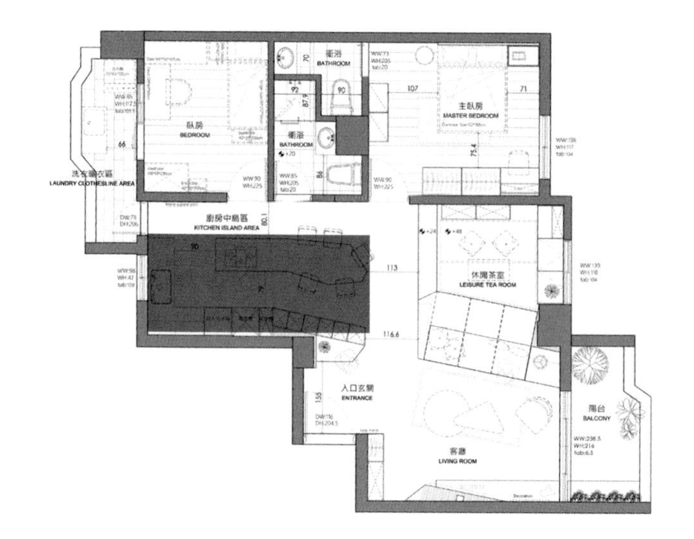

平面计划

拆除墙面并拉长餐厅空间，以争取餐厨区域流畅的动线，木作展示柜亦为玄关柜，格状设计也让立面更显轻盈。

规划策略

材质 中岛餐桌桌面以纯白人造石打造，一体成型无接缝设计，不仅耐脏耐磨，更显利落清爽。

工法 重设中岛需挪移抽油烟机的管线，工程较为耗时费工，却能提升空间坪效，营造美好场景。

尺寸 中岛高度75cm，连同炉灶长度180~200cm，原本仅能容纳2人的餐桌在几何切面设计中加长，能容纳5~6人共同用餐。

巨型储藏、功能方块，也是猫咪的秘密基地

空间设计及图片提供：工一设计

由于住家为单面采光，设计师选择将功能区与收纳区集中于一侧，把客浴、小孩房、主浴、储藏柜、衣柜与猫通道整合成一个“大方块”，通过纯白色彩、内嵌灯带，成功削弱视觉压迫感。仔细观察，墙面被切割出直线、斜线缝隙，借此隐藏橱柜、门片、上掀板等，完美整合、简化空间线条。

平面计划

保持原来的三房格局，通过滑门取代实墙，让功能空间开合更具备使用弹性。

规划策略

材质 | 由于墙面预留了5~6mm勾缝以隐藏大小门片，表面材质需延伸覆盖缝隙，所以应选择有一定厚度、好定型，不回弹的壁纸。

尺寸 | “大方块”横跨整个住家，左侧长达8m，右侧3m，囊括客浴、小孩房、主浴、储藏柜与猫通道等功能空间。

工法 | 整体为木结构，以日本壁纸铺贴，利用其耐磨、好塑型、易清洁的特性，简单污垢可用橡皮擦清理，日后若需替换，也只要撕除表面即可。

赚$12m^2$
案例学习

造型电视墙兼具收纳、展示功能，创造自由双动线

空间设计及图片提供：一它设计 i.T Design

这个案子为楼中楼的扁长型格局，空间中楼梯的位置最挑战设计坪效，设计师挪移了原本楼梯的位置，改沿窗倚梁设立，空架式阶梯不挡光线，也灵活运用了梁边小空间。两面式造型墙面其实是为包覆房屋主梁而设，设计师在四面都加了心机设计，包含了电视柜与餐边柜的收纳功能，两侧不靠墙则创造出双边动线，同时窄边的两侧亦有展示空间。

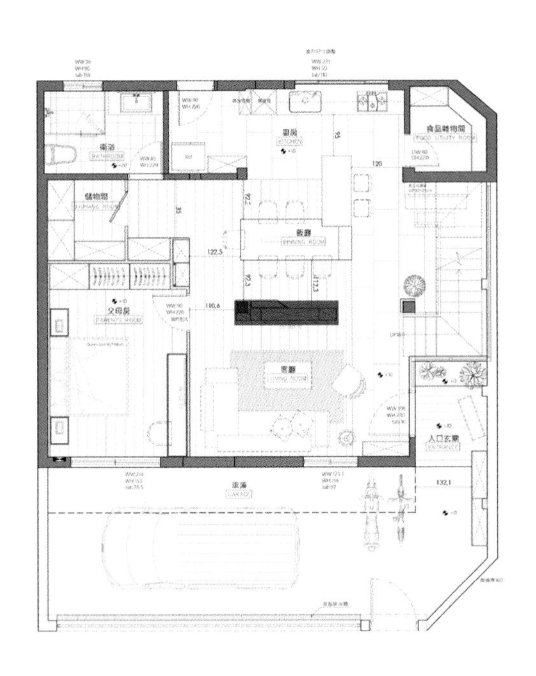

平面计划

狭长形的公共区域中，设计师依大梁位置打造隔间墙面，划分出客餐空间，窗边作为楼梯的位置，展现轻盈立面。

尺寸 顶天立地墙面沿间接灯光设立，高度220~250cm，侧边厚度20cm展现分量感，并在其中设置收纳区，提升使用坪效。

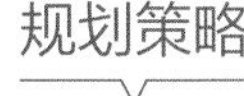

规划策略

工法 墙体依空间尺寸及所需功能量身打造，层板、柜门、凹槽设计搭配多种材质，展现高坪效。

材质 以不同的地面材质界定出空间区域，造型墙则量身定制，运用石纹美耐板、铁件和木皮混搭出具有个性的空间。

化整为零，解构收纳柜，打造透光屏风

空间设计及图片提供：工一设计

位于书房与大窗健身区之间的白铁柱群，其实兼具隔屏与收纳、展示功能，同时暗藏了管道间，成为住家最大的装饰功能体！收纳柱群以铁件、木作构成，利用材质的坚固、轻薄特性，打造其中央、上下等各异镂空造型，令宽度不一的长型柱体化实为虚，适度遮挡刺眼日光之余，更创造出灵动多变的光影空间。

平面计划

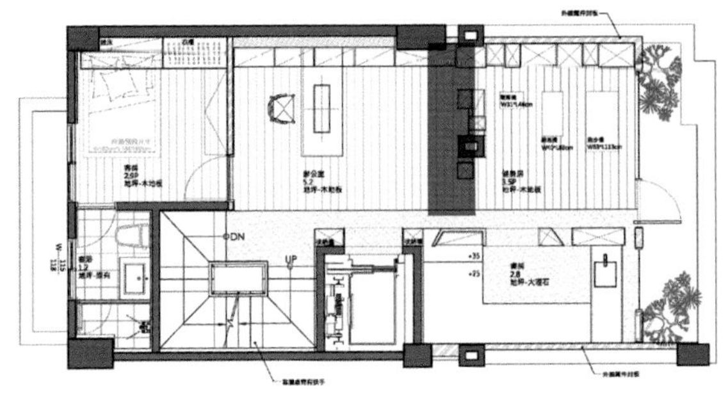

原本三房变主卧、小客房、书房、休憩室，令住家每个角落都能被有效利用。

规划策略

材质　以轻薄坚固的白色铁件搭配木作打造，镂空设计令视觉轻盈不笨重。

工法　柜体的铁件骨架皆需预埋于天花板、木地板，用倒T锁螺丝保证其稳固。

尺寸　最大柱体包覆、隐藏管道间，其余为展示、收纳柜体；需保留1.1m宽度过道，让动线来去无压更自由。

整合通铺、客厅、茶室，串联父子生活

空间设计及图片提供：一它设计 i.T Design

爸爸热衷茶道，儿子喜欢法式料理和影音娱乐，加上偶尔亲友来访总是没有空间，于是起心动念重新装修住了四十年的房子，设计师将沙发后面地面架高，打造出日式茶道空间的氛围，特殊定制的沙发，可作为坐垫，同时也能作为床垫，打造多功能空间，通铺、客厅、茶室视需要变化。

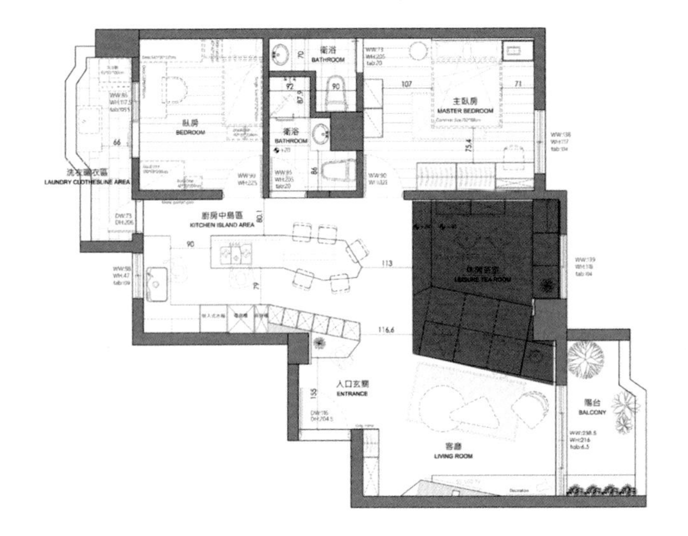

平面计划

原先客厅窄长，活动空间受限，设计师舍弃沙发后方房间，改为开放格局，反而在多元变化中大大提升坪效。

规划策略

材质 部分墙面运用仿清水模漆上色，搭配木材、仿榻榻米的纤维材质，全室以自然色系为居家空间增添温暖。

尺寸 茶室地面高度近45cm，巧妙串接沙发，让沙发两边能有所延伸，以沙发椅垫作为调节，令空间获得最大使用率。

工法 地面架高，创造可用于收纳的隐形空间，侧边底面以灯带创造轻盈的视觉效果，再以两踏阶式设计降低高差，更多了侧边造型收纳空间。

赚 3 m²
案例学习

一道墙串联收纳、展示空间与电视墙

空间设计及图片提供：甘纳空间设计

通透的隔间设计，不但能提升空间坪效，也能创造开阔明亮的视觉感受。在书房和客厅之间，设计师选择利用电视墙搭配镂空铁件展示架，取代一整面隔间墙，借由虚实交错的立面设计，赋予各空间独立却又能相互联结的关系。除此之外，电视墙的另一侧更增加储物柜设计，可收纳多样的生活用品。

平面计划

由玄关进门后，面临客厅与书房两个空间的规划，大量利用玻璃与金属框架搭配，巧妙界定出区域，同时可保持通透流畅的生活动线。

规划策略

工法 铁件展示架的上、下端点预埋在结构体内，强化其稳固与安全性。

尺寸 电视墙后方的柜体深度约60cm，除了收纳视听设备，还拥有生活杂物的储藏功能。

材质 柜体采用灰阶薄荷色，镂空展示架则以铁件烤漆处理为相近色调，视觉上更为协调、整体感好。

功能、层高提升！镜面反射拉宽多功能电视墙

空间设计及图片提供：工一设计

设计师特意降低木质墙、门片高度，仅保留约205cm的高度，上方规划70cm高的铁层架，并铺贴40cm的窄镜面，巧妙运用镜面反射达到拉高空间效果。木墙具备客厅电视墙、机柜功能，同时内藏进入三个房间的入口门片，通过不规则分割线条达到隐藏、一体化效果；弧形内凹机柜背面铺贴石纹美耐板，与另一侧房间共享柜体空间。

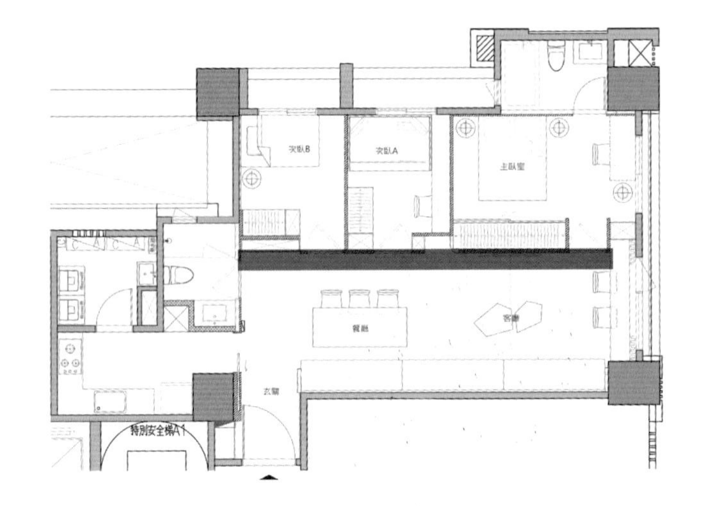

平面计划

主卧不移位，配合电视墙悬挂处、机柜等设计，调整另外两房空间与房门开口。

规划策略

材质 木皮墙面搭配侧面、上方铁件层板，利用线条与深浅对比拉长景深。

工法 铁件需嵌入天花板结构中以确保稳固；镜面除了靠黏着固定外，更利用卡榫内嵌于天花板材中。

尺寸 降低木墙、门片高度，留下70cm做黑铁层板，通过40cm天花板镜面反射，达到高度增加的效果，应注意镜面需贴得够直，才能完美反射、不留破绽。

赚13.2m^2
案例学习

移动大滑门也是隔间墙，巧妙设计令视野、采光翻倍

空间设计及图片提供：甘纳空间设计

这间99m^2的住宅，最大的优势就是可以眺望淡水河景，如何彻底提升坪效是本案的重点，设计师拆除一道卧房实体墙，扭转隔间的定义，以木作大滑门取代，这道可移动的大滑门既是门，也是隔墙，多半时间能完全敞开与公共厅区结合，获得比原格局更宽阔的空间感，也享受到毫无阻挡的光线与户外景致。

平面计划

将客厅以面向河岸景观的方式设计，结合可旋转电视柱的概念，当滑门打开后，空间动线的流畅性更好。

规划策略

工法 | 由于滑门尺度较大，为保证承重负荷，特别采取上下单轨道设计，加强稳定性。

材质 | 运用木皮作为活动墙的主要材料，搭配白色基调传递自然温润质感。

尺寸 | 滑门总长度约5m，完全敞开后可收纳于客房内。

赚 6.6m^2
案例学习

玄关、客厅两用的6m双面机关墙

空间设计及图片提供：工一设计

运用功能大平面概念，把介于大门玄关与客厅间的功能区做成双面的，其中包含鞋柜、电视柜、玄关柜、展示架、客浴与收纳柜体等，打造总长约6m的“机关墙”。内嵌烤漆铁件作为镂空设计，以100cm高的位置为电视中心点，规划上、下与后侧皆能双边收纳展示的空间，同时为了让墙面呈现一体成型效果，“机关墙”中客浴、柜体门片部分皆是以大理石薄片贴覆底材处理，为56.1m^2住家打造简洁大气的一道风景。

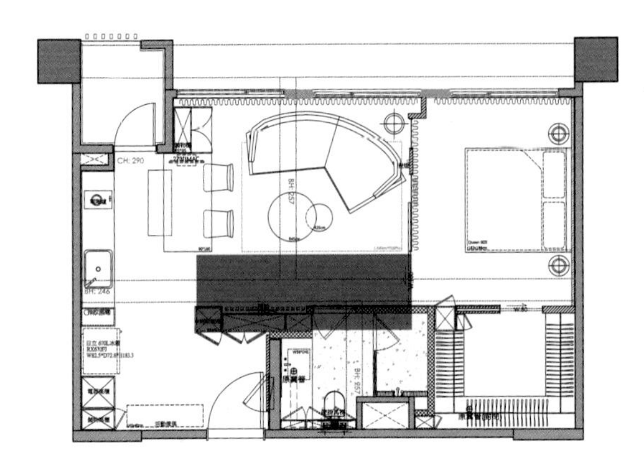

平面计划

56.1m²住家由两房改为一房，释放出空间做系统化的大平面功能整合，化零为整手法令视感更加大气简洁。

规划策略

材质｜使用屋主喜爱的大理石材质与铁件烤漆作为整道墙的主要材料，呈现利落简洁的效果。

工法｜先预留铁件空间，同时以木作做出主要结构骨架，最后内嵌铁件层板，铺贴大理石薄片做表面装饰。

尺寸｜包含了玄关鞋柜、展示架、电视墙、客浴与收纳柜的“机关墙”长6m，高2.5m。

两区共用双面柜，串联空间功能

空间设计及图片提供：一它设计 i.T Design

身为法式料理厨师的屋主，向往拥有宽敞料理平台，以及能收纳庞大烹调器物的空间，设计师将原本三房屋型并为两房，拆下厨房与餐厅的隔墙打造开放空间，紧临玄关处的柜体取代了实体墙面，设计为两边共用式的，既是玄关柜，也能在另一边收纳各种器物，大大提升了空间使用坪效。

平面计划

餐厨空间以不规则几何柜体及中岛餐桌打造，争取更宽敞的用餐空间，玄关侧柜体则针对进出门口换穿鞋子的需要，延伸出穿鞋椅提升坪效。

规划策略

工法 呼应几何形不规则餐桌，柜体折角设计不仅有型，更可配合需要让出较大空间给餐厅区，同时窄化玄关保有空间私密安全感。

尺寸 穿鞋椅高度约38cm，下方悬空设计，可收纳拖鞋。

材质 以纹理分明的白橡木作为双边柜体材质，与沉稳雾面柜体形成十足个性风格的搭配。

赚6.6m²
案例学习

一道墙结合多功能，放大生活尺度

空间设计及图片提供：禾睿设计

原本被划分出两房两厅的52.8m²空间，除了阳光被遮挡，可想而知生活也不够舒适。既然是一个人居住，就把隔间全然放开吧！变更为一房的配置，客厅、卧房之间利用一道半高墙面做区隔，这座墙对客厅而言是电视墙、设备机柜，转至另一侧，则是卧房床头板、书柜，通过功能共用概念，让空间变得宽敞明亮，更为舒适。

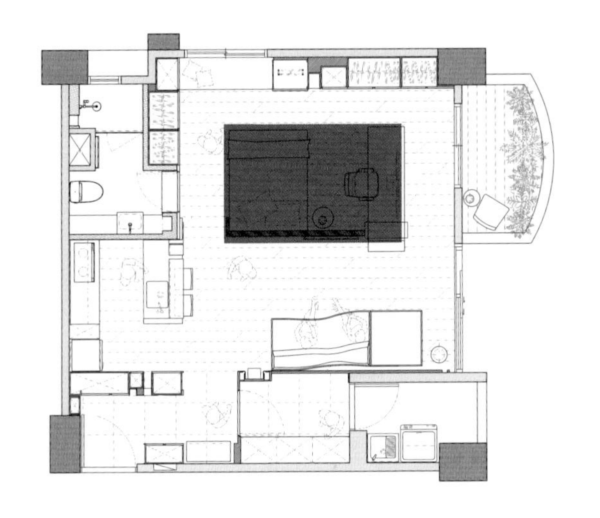

平面计划

一个人住的52.8m²小面积空间，舍弃多余隔间，公、私区域仅适度运用半墙设计做间隔，为空间带来充足的采光，同时也借由环绕式生活动线，让空间产生放大的效果。

规划策略

工法｜工作区桌板嵌入铁件框架内，作为书桌一侧的结构支撑。

材质｜半高墙面以木作刷饰仿清水模涂料，搭配轻盈通透的铁件，虚实交错的设计延展空间的深度。

尺寸｜工作桌板长约180cm，以便查看大尺寸文件。

Z字柜体打造外衣收纳区、穿鞋椅与鞋柜

空间设计及图片提供：禾光室内装修设计

原始老屋以现成家具区隔出玄关，令空间显得散乱，且入口处的光线也较弱。在满足采光与功能的多重考虑下，玄关以Z字造型规划多功能柜，结合外衣柜、鞋柜和穿鞋椅设计，另一侧则可悬挂时钟、相片墙等。有趣的是，穿鞋椅的概念其实与日式传统建筑“缘侧”氛围相近，作为内外的过渡空间，当邻居上门，只要往穿鞋椅上一坐，即可短暂闲话家常。

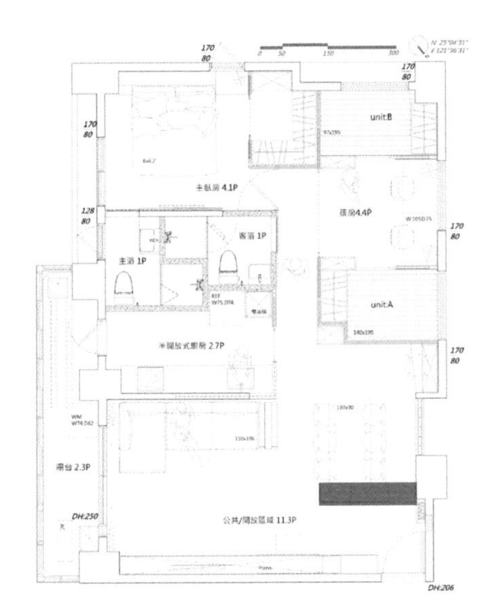

平面计划

利用复古砖划分出玄关落尘区，同时为保有空间的通透感，利用一上一下、一左一右的造型，让柜体更显轻盈，也能提升光线的流动性。

规划策略

工法 Z字形柜体以木作打造而成，门片局部镂空切割，解决柜体透气潮湿的问题。

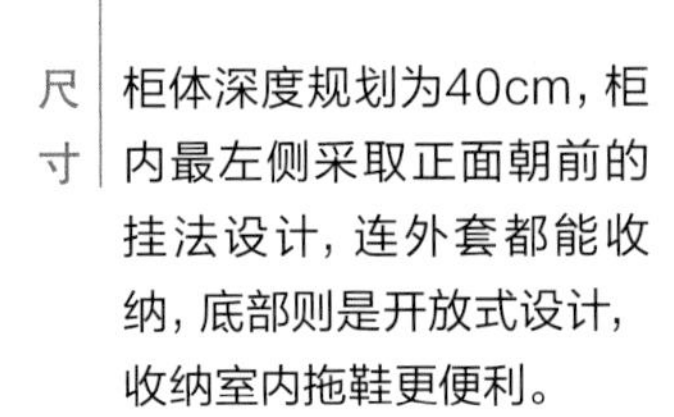

尺寸 柜体深度规划为40cm，柜内最左侧采取正面朝前的挂法设计，连外套都能收纳，底部则是开放式设计，收纳室内拖鞋更便利。

材质 选用浅色榆木皮，配上大量的白色基调，在充沛日光下，呈现出自然清新的氛围。

赚 $3.3m^2$
案例学习

一体两面隔间柜，满足小面积住宅收纳需求

空间设计及图片提供：禾睿设计

为避免进门后室内空间一览无遗，同时希望光线能够透进来，玄关区利用兼具隔间功能的复合式收纳柜，整合鞋子、餐具、杂物等多元储物功能，并利用虚实交错的开口，为玄关带入光线，同时实现视线的延伸穿透。

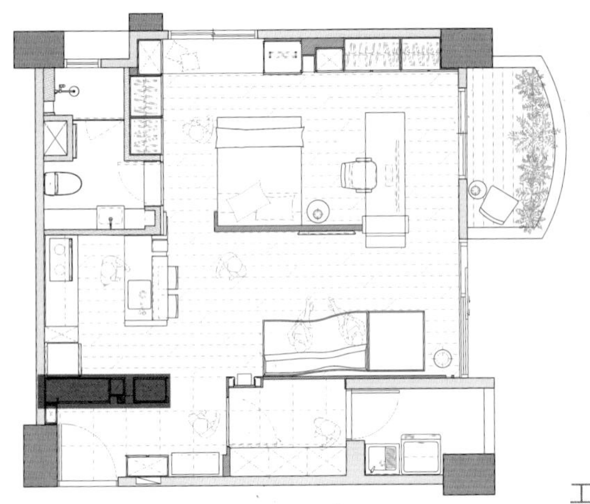

平面计划

虽然小面积住宅空间有限，但在确认宽度和深度足够的情况下，仍运用柜体划出独立的玄关，满足收纳需求。

规划策略

工法｜木作柜体采用暗门式门片设计，立面线条简洁利落。

尺寸｜柜体深度约50cm，可收纳多种物品。

材质｜柜体侧面贴饰灰镜，削弱体量的厚重感与压迫感。

赚1.5m²
案例学习

一道轻薄的电视柜创造隔间、收纳多种用途

空间设计及图片提供：路里设计

小面积住宅有可能既满足生活需求，又能保留宽敞无压的空间感吗？住宅面积小，格局动线的精准比例分配更为关键，运用一道整合多元收纳功能的电视柜体，自然地划分公、私区域，柜体厚度约为35cm，结合白色表面呈现，降低体量的沉重感与压迫感，柜体与卧房隔间以25cm的缝隙处理，也让光线能照到玄关，带来自然光的引入。

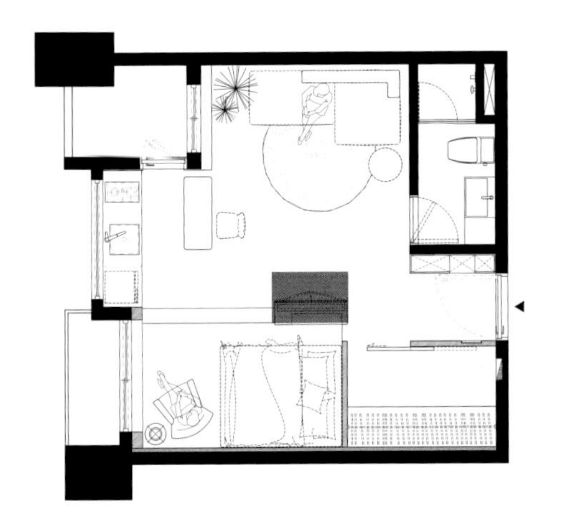

平面计划

$33m^2$微型住宅原本设计的电视墙，扣除家具摆设的位置，令走道仅剩下70cm宽，设备柜没有空间摆放，设计师借由公、私区域的转向以及置入一道功能隔墙，为客厅争取到350cm深度，令空间宽敞舒适许多。

规划策略

材质｜整体空间以纯净白色塑造，客厅侧墙选用深灰色作为跳色，为的是削弱空间的转折锐角。

尺寸｜电视墙除了最底部深度达45cm，可收纳标准设备，其余则是35cm深度，适用于收纳书籍、杂志。

工法｜电视柜最下方的设备柜体借取架高卧房处的深度，产生看起来轻巧的视觉效果。

赚$3.3m^2$
案例学习

电视墙整合书桌，开放格局更显宽敞

空间设计及图片提供：合砌设计

许多屋主都会提出设置书房的需求，然而不论是单纯规划一间独立形式或是选择玻璃隔间，都过于封闭且浪费空间。在这个案例当中，设计师以完全开放的格局整合客厅与书房，保有空间的通透延伸感，并将书桌与电视墙结合，也适当创造出隐形的功能界定。

平面计划

将客厅一旁原有的隔间拆除，以完全开放的形态规划书房，让空间的流动性更好，不受拘束。

规划策略

工法｜运用木作打造两个“倒7”概念，双边皆置入角料加强结构的稳定性。

尺寸｜电视墙高度特意降至90~100cm，提升空间的通透性。

材质｜书墙延续厅区的蓝色调，搭配木质肌理，清爽温馨。

赚$1.5m^2$
案例学习

悬浮吧台延伸出铁件光盒，整合隔间、收纳功能

空间设计及图片提供：禾睿设计

公共厅区的视觉焦点落在悬浮的中岛吧台上，设计师特意放大了吧台尺寸，同时通过铁件结构与不规则斜切角度，让大型体量仿佛飘浮在空中，视觉上更感到轻盈；悬浮吧台也延伸至小孩房，与铁件框架整合，作为通透的隔间，营造更大的空间感，还能收纳小物件，同时，具有四个向度的灯光，从任何角度都能看到不一样的景色，搭配门框上的线型灯具，成为用餐时最佳的气氛来源。

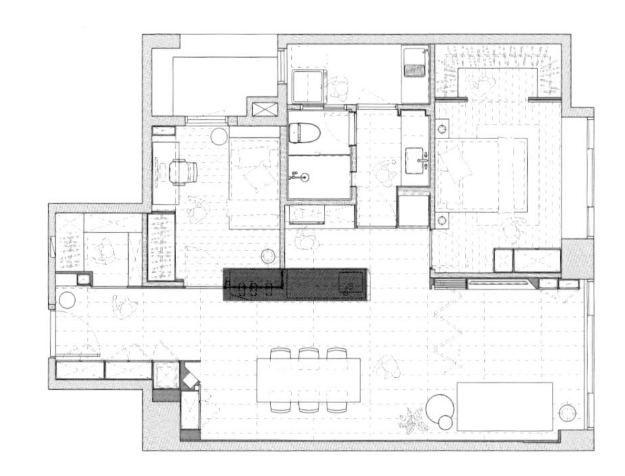

平面计划

厨房改为开放式中岛设计，空间变得更为开阔，与客餐厅的互动串联性提升，增进家人间的情感交流。

规划策略

材质 中岛吧台立面运用仿清水模涂料，搭配卡其色系厨具与墙面，增添空间暖度。

尺寸 借由铁件结构让中岛吧台抬高20cm，创造出体量的轻盈感。

工法 T形铁件预埋在地面结构中后再铺设地砖，并焊接支撑板材，最后再置入厨具。

赚1.5m²
案例学习

电视墙兼拉门，功能更灵活

空间设计及图片提供：奇逸空间设计

由于面积有限，因此将重点放在收纳、空间放大与格局重整，尤其是利用房屋原本的玄关与一字型厨房结合，延伸至客厅电视墙柜体，甚至转进主卧，而活动式电视墙做成拉门设计，使功能更灵活。而书房后方的布幕拉门，可视需要串联主卧或将空间分割。

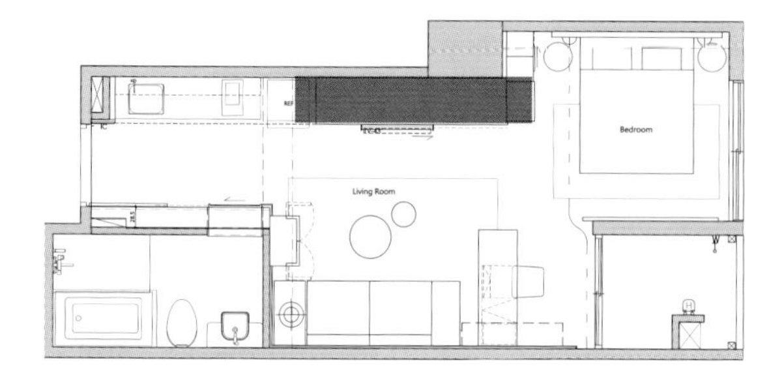

平面计划

将拉门门片与电视墙结合，不仅省了开门占用的空间，更达成多元复合功能体，黑色木纹墙面更为空间增添沉稳魅力。

规划策略

工法｜考虑到电视墙需左右横移，电线必须预留足够的长度，使用更顺畅。

尺寸｜利用门片后面的8cm管道间隐藏电线。

材质｜为顾及隐私性，窗帘轨道从书房背墙延伸至主卧门口，必要时可将纱质窗帘全部拉上，让主卧独立不受干扰。

赚$3.3m^2$
案例学习

用餐台、电器柜、咖啡吧，一个中岛全都满足

空间设计及图片提供：乐沐制作空间设计

有限的$49.5m^2$长型屋内，设计师将厨房与餐厅紧密结合，该有的空间功能一项也没少，打造开放格局，置入L形中岛与厨具平行摆设，并让中岛兼具收纳区、餐桌、电器柜等多功能，引入落地窗外的阳光照亮空间，并借由质朴材质塑造空间，采用浅色调定义壁面与柜体，为空间带来放大宽敞之感，营造惬意的居室氛围。

平面计划

有限空间内，均等分配公私区域，以比例切割等方法打造多元功能区与空间感。

规划策略

工法｜吧台桌侧边规划3层架，可用来收纳书报杂志，瞬间让吧台变成小型阅读空间。

材质｜使用环保建材，水泥与木材的搭配，让空间有了深浅色对比，带出利落轻盈的气质。

尺寸｜厨房天花板隐藏冷气主机，呈现利落造型，厅区则保持3m屋高，让空间保有不压迫的视觉效果。

赚3.3m²
案例学习

木质框景创造随兴座椅与丰富收纳空间

空间设计及图片提供：合砌设计

重新规划的开放式客厅及书房，享有完整且大尺寸的窗景，为了将户外难得的自然景致引入家中，设计师以画框为灵感概念，运用木质素材包覆出立体框架，同时在窗边设计了一道坐榻，让屋主能轻松随兴地休息，也成为厅区座位的延伸，而坐榻下也隐藏了丰富的抽屉收纳区。

平面计划

将住宅面对翠绿山景的优势彻底发挥到极致，在开放式的空间格局之下，利用长坐榻创造与每个区域的互动。

规划策略

材质 运用木质元素做出框架，配上清爽的蓝白色调，交织出心旷神怡的北欧氛围。

尺寸 坐榻架高仅设计在20cm左右，以保留完整的窗景。

工法 7m长的坐榻以60cm宽的抽屉做等距划分，并借由抽屉之间的结构做力量支撑。

赚$5m^2$
案例学习

电视柱提供全方位观赏角度

空间设计及图片提供：怀特设计

想要拥有更大的空间坪效，就必须跳脱旧式格局的束缚，设计师以非单一方向性的设计思维来考虑电视墙，改采用可360° 旋转的轻盈电视柱，让家人在客厅、餐厅、厨房均可观赏电视，搭配天花板造型装饰，不仅独具特色，也让电视墙摆脱巨大体量的魔咒，省下电视墙空间，增加玄关与厨房采光，一次解决所有问题。

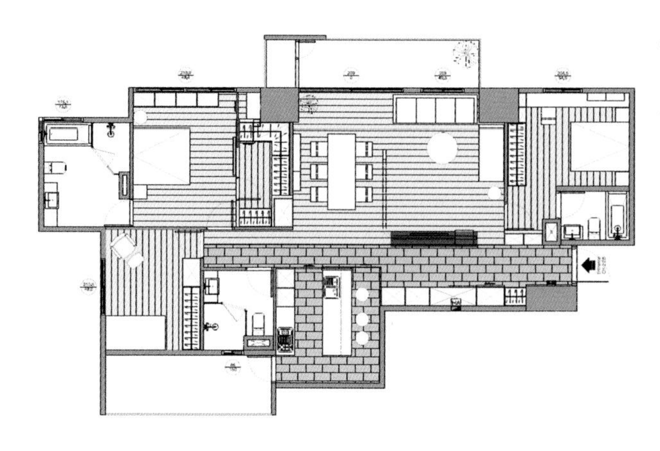

平面计划

舍弃电视墙，改采用电视柱节省空间，更将玄关与餐厅的视野、采光等问题一并改善。

规划策略

材质　白色电视柱搭配透明的黑色圆片造型装置，让电视墙虽无方向性却有聚焦的主题感。

尺寸　一般电视墙尺寸宽约180cm，高约200cm，需占据3~5m^{2}的空间，电视柱可说是适合小空间的极佳设计。

工法　柱体上、下固定于空间结构内，搭配旋转轴心，方便使用。

赚$1.75m^2$
案例学习

拉出衣柜抽屉，变出梳妆区

仅仅$46.2m^2$的空间，在必须规划两房的情况下，卧房内要配置衣柜，还要有梳妆台，有可能办到吗？其实关键就是善用五金配件！打开衣柜的抽屉，隐藏着一张迷你梳妆台，抽屉里面包含镜子，各种大小尺寸的分隔设计，收纳保养品、彩妆、饰品都不是问题，方便使用又能节省空间。

空间设计及图片提供：Sim-Plex 设计工作室

平面计划

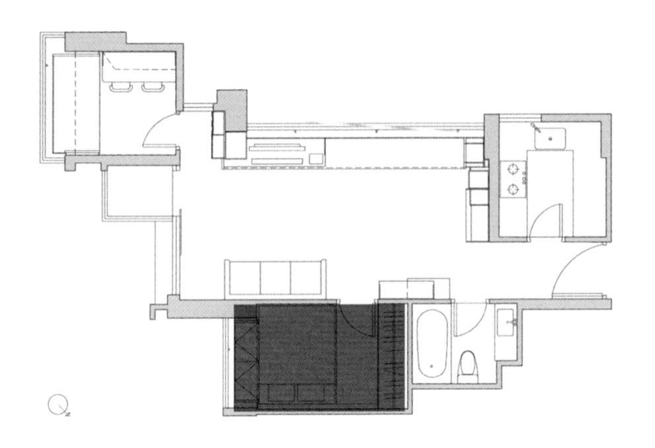

顺应建筑物的开窗位置规划主卧房，走出房门即是公共厅区，平常房门开启时，视线也能延伸放大，降低空间的压迫感。

规划策略

材质 | 木作柜体延伸成为床头主墙造型，墙面刷上淡雅绿色，自然温馨。

尺寸 | 梳妆台尺寸须扣除预留上掀门片的空间，深度大约是50cm。

工法 | 抽屉使用滑轨、上掀式铰链，打造可隐藏的梳妆台。

赚$3.3m^2$
案例学习

可折叠餐桌，狗狗开心奔跑，餐椅也是穿鞋椅

空间设计及图片提供：天涵空间设计

这是一间$79.2m^2$的长型街屋格局，由年轻夫妻及一狗、一猫居住，顾及采光、通风及动线安排，因此将客厅放置在中央，主卧放在采光最好的一侧。并在客厅及主卧中间设计一间弹性和室，预留作为客房、小孩房。双人小吧台是平常用简餐的地方，餐桌设计成可收合的样式，平时收起释放出狗狗游戏的空间，客人来时放下，从鞋柜拉出长凳，变身聚会场所。

平面计划

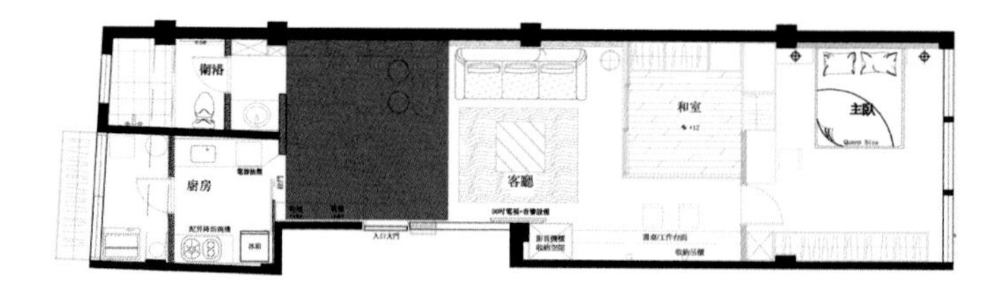

平时只有二人及宠物，因此小吧台就足够，把餐厅空间留给宠物活动，在有朋友来时，放下餐桌，让空间更灵活。

规划策略

工法 餐桌设计成可折叠的，必要时将桌面及桌脚折起来，嵌入马克杯餐柜，成为空间的一幅画。

材质 考虑到有宠物活动需求，地面上采用超耐磨地板，橱柜采用枫木纹木皮，使空间看起来明亮。

尺寸 餐桌长度大约100cm，宽约75cm，高为75cm，适当的尺寸不会阻碍进出厨房及卫浴动线。

赚$1.5m^2$
案例学习

相同材质延伸，楼梯成随兴座椅

空间设计及图片提供：PSW建筑研究室

特殊的复合高度小宅，一进门是挑高3m的空间，往下走则是挑高4.2m，原有卫浴位置不变，但设计师以玻璃拉门取代制式门片，再利用材质的串联延伸手法，大胆颠覆传统，将餐厨与卫浴空间设计成如此开放的形态，不局限于空间框架，阶梯的作用便不再仅是联结空间的走道，也可以是随兴座椅，不论是与餐桌合并使用，或是单独坐在这看书都非常实用。

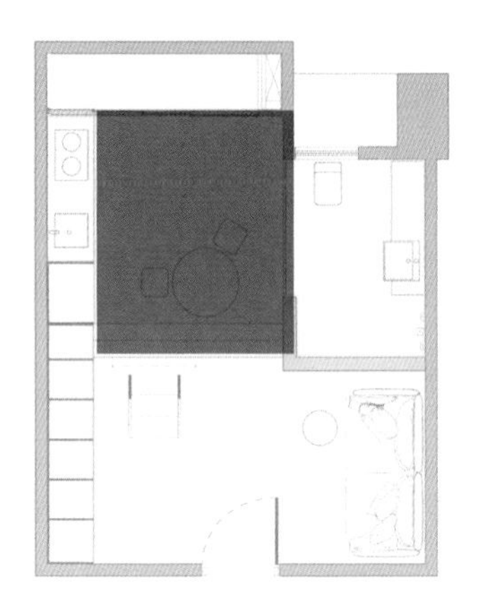

平面计划

小面积住宅利用厨房与卫浴之间的空间，规划为用餐区，卫浴间的隔断以玻璃拉门打造，让阳光能随意流动，空间感也大幅提升。

规划策略

材质 白色小方砖由卫浴地壁延伸成为餐厅地面、踏阶、厨房壁面的装饰，以材质的统一与延续放大空间感。

尺寸 卫浴入口变制式门片为滑门，争取空间感的延伸与放大。

工法 桦木复合板刻意刷上白漆，白砖则是挑选进口粉色填缝剂，让清爽的空间多了一点活泼感。

赚9.9m^2
案例学习

利用高低差设计台面，同一屋檐下的多元活动功能

空间设计及图片提供：构设计

虽然家中成员仅有男、女屋主两位，但在同一屋檐下两人的兴趣与嗜好却各有不同。设计师在33m^2左右的客厅做了坪效的最大活用，沿着窗边以高低差设计规划出兼具卧榻、收纳及桌椅功能的活动空间，为的是让女主人能在此区域轻松阅读、赏景；另一墙面则以落地式收纳整合男主人大量的收藏，通过客厅墙体创造出能整合不同功能的空间，也串联了一家两口的情趣生活。

平面计划

一字型沙发不倚墙而设，就能让出空间设置大片收纳柜体以及窗边多元活动区。

规划策略

尺寸 桌体部分为标准75cm宽，柜体部分为45cm宽，再打造45°～60°斜角作为中央卧榻使用。

材质 以天然梧桐木皮柜体串联收纳区、书桌和卧榻，以接近自然原色的材质营造家的舒适。

工法 以利用高低差的方式设计，较高的区域作为书桌、较低的区域作为收纳区，高低区之间的斜面则是恰到好处的卧榻。

赚6.6m²
案例学习

不锈钢旋转电视墙，兼具耳机、杂志收纳功能

空间设计及图片提供：Hao Design好室设计

位于屏东市区新大楼的案例，设计师将业主喜欢的现代古典风格融入空间设计，于是有了圆拱窗型、欧式线板设计等现代语汇诠释古典之美，并从餐桌、灯具、沙发等部分一路延伸到窗边卧榻，利用巧妙的设计引导视线。同时运用150cm高的旋转不锈钢电视墙，不但可灵活转动，供各空间使用，且在墙后做冲孔设计，可悬挂耳机、杂志等物件。

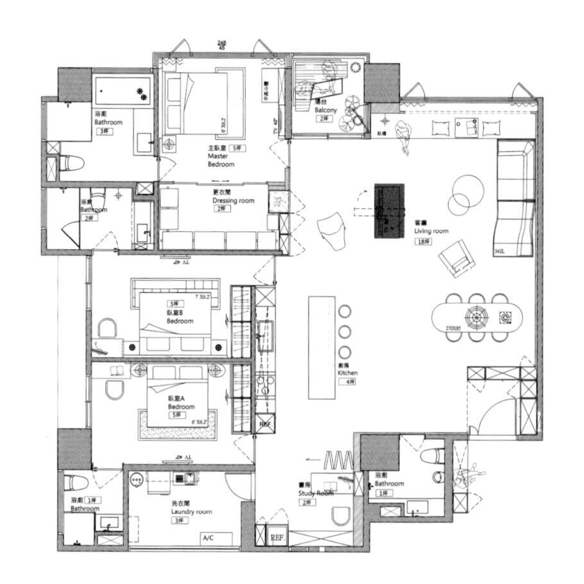

平面计划

开放式空间设计，仅以360°自动旋转的不锈钢电视墙做区隔，并用一张主椅界定男主人听音乐与阅读的书房区域。

规划策略

材质 全室运用不同层次的白色做搭配，提升空间质感。

工法 旋转电视墙需计算好电动旋转马达的乘载重量，并预留线路维修口。

尺寸 为适合60寸壁挂式液晶电视的尺寸，以及空间的整体尺寸，电视墙设计为高约140cm、宽160cm、厚度30cm。

一字型多功能柜，解放动线，生活更自由

空间设计及图片提供：新澄设计

将原本位于白色柜体一侧的电视墙转向，与餐厨吧台柜结合，沙发顺势挪至临窗处，如此一来即释放出从玄关到客厅、主卧的L形动线，宽敞的空间感令坐卧、走动都能感到无比舒畅无压。一字型体量具备电视墙、吧台、餐桌、展示收纳区等复合式用途，当亲友来访时，可以在这儿使用笔记本电脑边聊天、品酒小酌边与沙发区互动，享受轻松写意的随兴生活。

平面计划

将电视墙、沙发转向，整合多重功能于一处，同时拆除房间实墙，以玻璃滑门取代，令入口玄关至室内的动线更流畅，空间使用亦更具弹性。

规划策略

工法　电视墙做好木制骨架后，再由铁匠现场丈量、加工施作，才能将不锈钢外皮完美贴覆。

材质　整座一字型复合功能柜由系统板搭配木皮制作而成，电视墙部分则是木作打底，外贴不锈钢。

尺寸　复合功能柜体总长2.5m，具备电视墙、吧台、餐桌、书桌、收纳展示柜等多元功能。

赚13.2m²
案例学习

架高卧榻兼具客房、收纳功能，以退为进还给生活更舒适的空间

空间设计及图片提供：构设计

在使用受限的小面积空间中，与其绞尽脑汁用装潢提升坪效，有时以退为进释放空间反而更舒适！这个49.5m²的房子中，仅有单面采光，靠窗处作为客房后，客厅自然光线来源只剩厨房、阳台，设计师运用巧思将客房边界往里退，以玻璃门+窗帘取代墙面，把光还给室内，空间感瞬间拉大。房间内的架高卧榻内含收纳储物柜，加上侧边设计的两面柜，收纳功能十足！

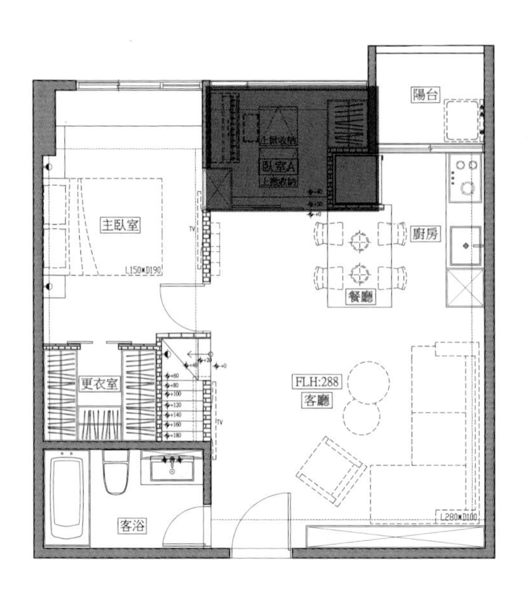

平面计划

客房先缩减大小后提升坪效，就能在不增加空间的情况下，瞬间释放出客厅空间。

规划策略

材质｜选用超耐磨木地板材质，搭配梧桐木皮壁柜，可坐可卧更能储物，大大提升坪效。

尺寸｜两踏阶形成40cm深的地面收纳区，侧边厚度20~30cm。

工法｜以架高两阶做出地面的空间层次，且增加隐形收纳区，侧边包覆大梁加厚成为双开口式橱柜。

赚6.6m²
案例学习

电视、玄关屏风也是穿鞋椅

空间设计及图片提供：新澄设计

打开门便一览无遗的住家格局，使用一字型屏风做玄关端景，兼顾风水与复合功能。设计师调转原本的沙发与电视墙方位，整合电视墙与玄关矮屏，让这个140cm厚度的一字型体量具备穿鞋椅、玄关端景、简单收纳与电视主墙等多重功能。材质上以石材面系统板做面、搭配仿古石材收边，节省施工时间与预算，达到简约大气的视感效果。

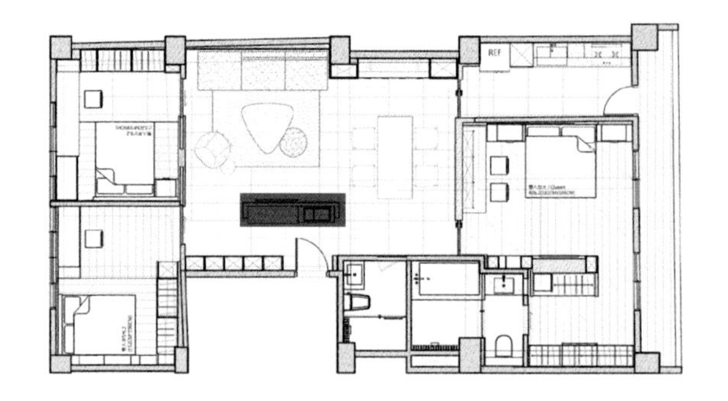

平面计划

调转电视与沙发方向，同时拉直沙发背墙，打造方正厅区格局。

规划策略

材质 | 体量外框为黑白根仿古石材，电视背板与沙发主墙相呼应，皆为石材面系统板材。

尺寸 | 双面电视隔屏长2.7m、宽1.4m，以系统板做电视背板节省预算与施工时间，最后利用石材解决系统板的收边问题。

工法 | 玄关穿鞋椅侧边需负担一定载重，以加厚角材做整体骨架，是一般骨架的一倍粗，确保使用安全性。

赚$3.3m^2$
案例学习

书墙延伸出楼梯，巧妙串联滑梯

空间设计及图片提供：Hao Design好室设计

这间 $138.6m^2$的新成屋，一打开大门，眼前即是开阔明亮的阅读游戏区，设计师在屋内一角设计出小阁楼，以复古感的暖橘色地砖画出一方区域，并以溜滑梯将上下空间以趣味性的方式串联，因应屋主想要的大量藏书空间，利用小孩子的阁楼楼梯，设计成可以移动收回到书柜中的样式，既多了收纳空间，也省了楼梯占据的空间。

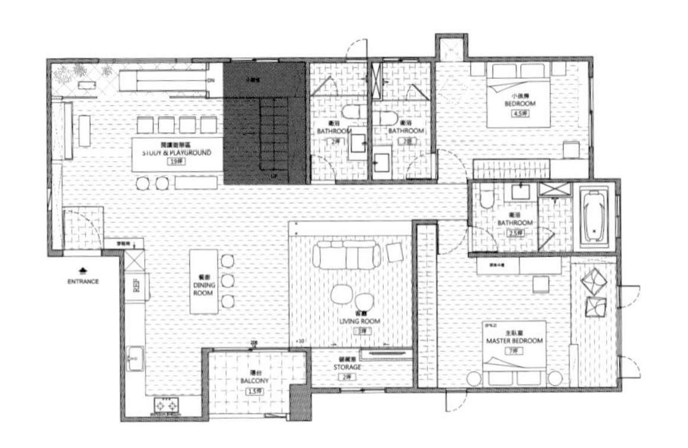

平面计划

浅色木质地板带来了温润自然的乐活氛围，通往阁楼的楼梯与墙面加入大面积的收纳功能，底下则铺上软垫，并利用大面积的窗户将明亮光线带入。

规划策略

工法 楼梯收拉时必须要使用固定器，增加安全性。

材质 考虑到未来清洁方便，书柜及上下阁楼的活动式楼梯皆选用白色美耐板。

尺寸 考虑到孩子身高及步伐，每阶楼梯高度设计成约20cm，共8级台阶，孩子在楼梯上能拿取书柜最上端的书。

孩子的秘密基地三重奏！一体成形的衣柜、卧榻、床

空间设计及图片提供：新澄设计

摒弃传统分散摆放衣柜、床铺、卧榻的概念，小孩房就像有趣、独立的私人空间，有着科技感十足的木作转折造型。天花板、墙面延伸床板的一体成形3D设计，涵盖了寝区、临窗游戏卧榻、衣柜的功能；除了平台下暗藏的105cm深衣柜，上方金属横杆亦能吊晒衣物，作为扩充收纳使用，令小巧的方寸之地，成为处处皆惊喜的高坪效功能区。

平面计划

调整原有厨房位置，将之外移至中央，连贯厅区，打通空间，引入前后光源。

规划策略

材质｜利用具科技感的纯木作打造收纳寝区，搭配水泥墙面，营造简洁大气的建筑风视感。

工法｜板材由天花板、壁面延伸至床板，以木皮贴覆，裁切转折需注意木纹的连贯性，才能有一体成形的视觉效果。

尺寸｜临窗台面下藏105cm高的衣柜，可完整悬挂衣物，让有限空间仍能具备完整的卧房功能。

百变墙面隐藏餐桌椅、电视柜，满足多元生活需求

空间设计及图片提供：Studio In2 深活生活设计

此案为$36.3m^2$的狭长空间，拥有采光的窗户只有单一窄边。因此原始的隔间规划使得客厅、厨房等活动空间昏暗，也更显狭小。设计师不使用传统隔间墙的设计，而是利用“框”的设计理念，巧妙创造一个小空间里还有另一个空间的感觉，并赋予客厅主墙面多重功能，放置餐桌椅、电视柜、展示柜、冰箱等。

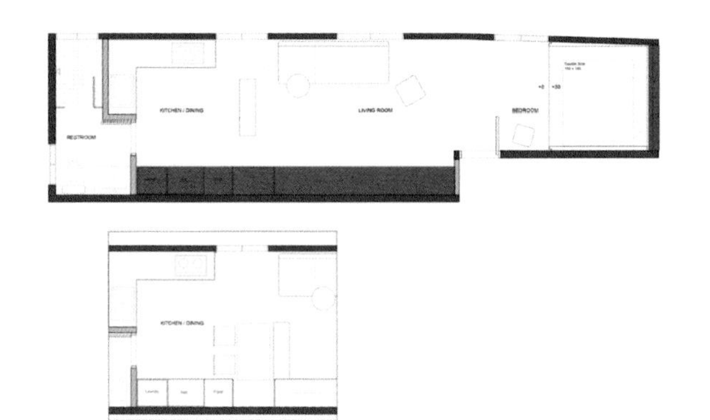

平面计划

在狭长型的空间中尽量增加柜体功能的丰富度，廊道尽头窗边则以木框框住窗景，创造独树一帜的设计亮点。

规划策略

材质｜白色烤漆柜体呈现清新感，搭配自然光的照射，令空间显得整洁宽敞。

工法｜统一以白色简化柜体线条，并以开放式展示柜、密闭柜与抽屉柜的变化提升收纳弹性。

尺寸｜墙体深度约65cm，内嵌电器线路及插座，餐（书）桌与两张椅子内嵌于壁柜中，可弹性使用。

赚6.6m² 案例学习

化零为整，双面柜创造回旋动线

空间设计及图片提供：KC design studio 均汉设计

以一座双面柜分隔出公共与私密空间，双面柜体除了作为隔间之外，也提供强大收纳功能，实用与美观并重，同时，将天花板的梁柱加以包覆，一体多用，化零为整，将双面柜作为室内的中心点，定义出环形空间动线，搭配温和木料、花砖与灰色水泥地，打造闲适的居家调性。

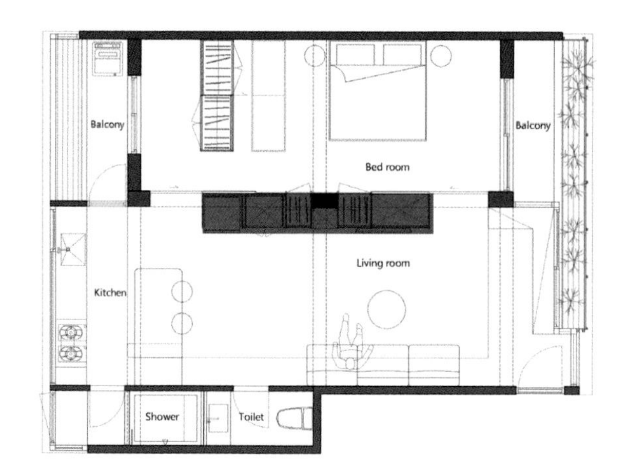

平面计划

在卧房、更衣室之间也规划一道双面收纳墙，需要时只需将门片关上，即可变为另一处独立空间。

规划策略

材质｜选用松木复合板呈现大气的肌理，周边以水泥粉光作为视觉转换留白处。

工法｜隔间柜底部以角材固定于地面，确保稳固性。

尺寸｜进入卧房的推拉门片尺寸经过定制，让回旋动线清晰可见。

赚3.3m²
案例学习

双面柜，是公私区域隔间，也是视觉焦点

空间设计及图片提供：谧空间

原本42.9m²空间被规划成2房，使得公共空间狭小而昏暗，且有许多小角落被浪费。因此设计师破除原本格局，改为一房两厅设计，并依循动线由开放到私密的渐进原则逐一置入，在狭长的空间正中央置入一座双面使用的柜体，以鲜艳的黄色与不规则的门片做分割，使之成为空间中吸引目光的重点，并且围塑出一个回形的廊道，将公共区域、私密空间、卫浴区等，做了更多层次的区分。

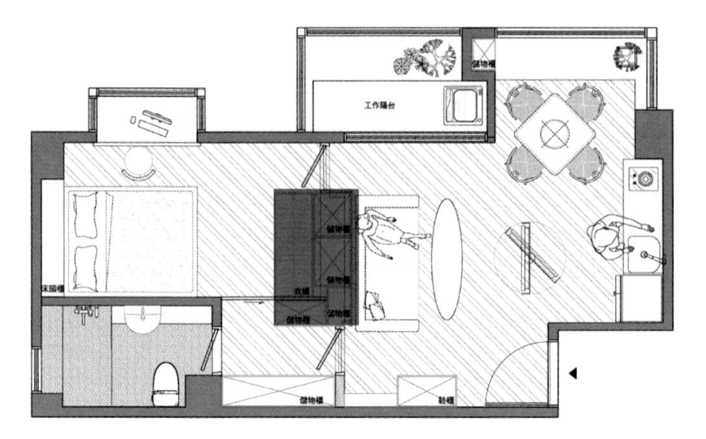

平面计划

将原有的隔墙拆除，保留卫浴空间，通过双面柜墙设计，创造出功能最完整的单身居住空间。

规划策略

工法 柜体表面采用冷烤漆处理，并现场组装。

材质 顾及要留左右各90cm的通道，双面柜体均采用定制木作。

尺寸 双面柜体深120cm，单侧拥有60cm使用空间。

赚6.6m²
案例学习

衣柜兼隔间，清晰分隔区域

空间设计及图片提供：KC design studio 均汉设计

在卧房、公共区域之间，将收纳柜体结合墙体，作为隐私空间的过渡，并利用雾面玻璃的穿透特性，让视觉可以无限延伸，消除狭迫封闭的视觉感受，借着展示收纳隔间的巧妙配置，不止创造公、私区域间的分界，也满足了屋主的衣物收纳需求，再搭配深色调的中性诠释，塑造个性十足的利落风格。

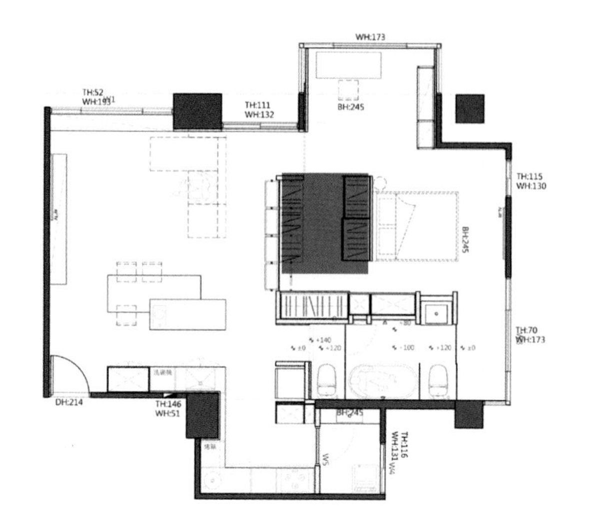

平面计划

将封闭厨房打破，塑造开放视野，公私区域则保有通畅动线，于深色调之中兼具空间美感与丰富的功能。

规划策略

材质｜以黑色艺术漆营造亮泽纹理，搭配雾面玻璃，保有视觉及光线的延伸。

工法｜天花板、墙面、柜体呈现平整设计，并减少孔隙勾缝的产生，达到好清洁的要求。

尺寸｜将庞大衣物量等分置入三道柜体，分别收纳，并形成“U”字空间，成为专属小更衣间。

赚$8.25m^2$ 案例学习

完美划定格局的多功能墙

空间设计及图片提供：耀昀创意设计

一物多用的设计对挑高夹层建筑相当实用，设计师先选定住宅中间地带，并在其中设计了一座多功能电视墙，同时也将屋内大梁收整在电视墙中；以木皮装饰客厅电视墙，左下方规划有内嵌电器柜，木墙后方则规划为父母房的衣柜以及二楼柜体与桌面等设计，不仅增加更多收纳功能，同时可以取代实墙，减少隔间，达到更高坪效。

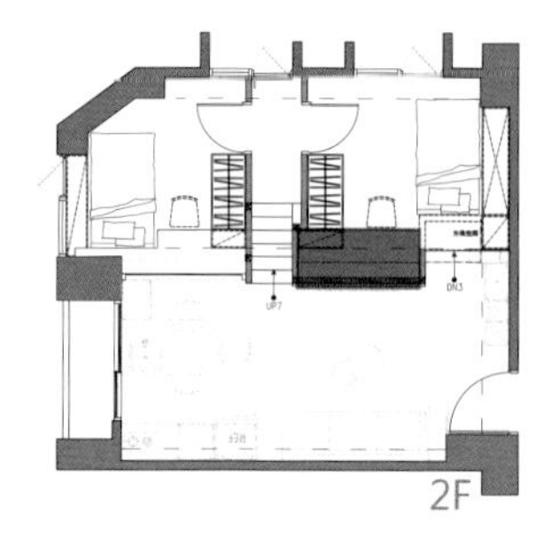

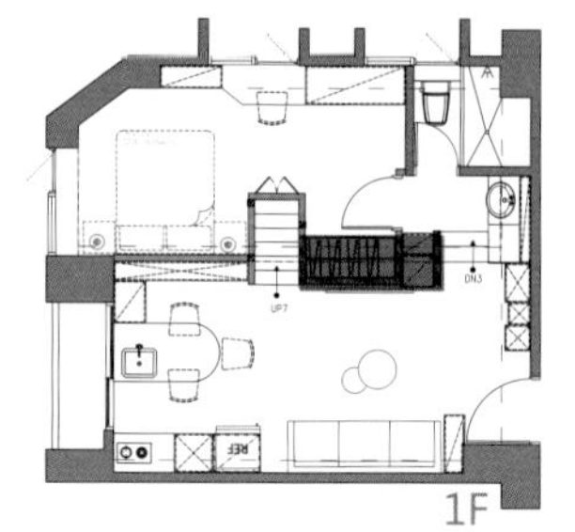

平面计划

通过一道电视墙的设计，将屋内突兀大梁收整其中，同时又可将室内切分为私密与公共区域，为格局定调。

规划策略

材质 选择以木材做简约而具流动感的木饰墙，让全室洋溢清新温暖的北欧气息。

尺寸 为了提供收纳功能，电视墙设计为深度35cm、宽度220cm、高度270cm。

工法 以内嵌方式打造电器柜，提供置物功能，同时不影响整体家居造型。

拉齐墙面，鞋柜也是涂鸦墙、留言板

玄关落尘区的右手边，正好为开放式空间里的餐厅、厨房橱柜的侧面，因此利用落尘区墙面设计一鞋柜将墙面视觉拉齐，放上穿鞋椅，使功能更健全。并将整面墙漆上深绿色的黑板漆，作为家人留言板，也是孩子的涂鸦天地，更是女主人留下食谱笔记处，创造全家人随兴互动的空间。

空间设计及图片提供：Hao Design好室设计

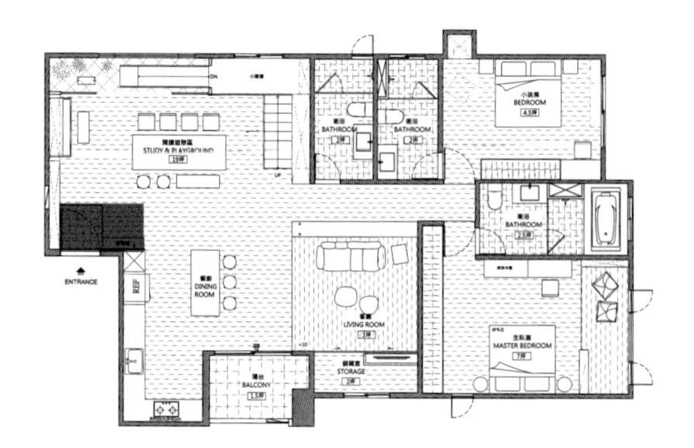

平面计划

开放式玄关设计，运用地面材质及落差做区隔，而右边的鞋柜设计除增加收纳功能外，也为墙面做视觉整合。

规划策略

工法｜在鞋柜上方开透气孔，保持柜子内部的干爽与通风。

材质｜涂黑板漆，统一鞋柜门片与入口墙面的色彩。

尺寸｜利用高245cm、宽120cm的鞋柜，为厨具侧边的造型收尾，也让墙面更具整体感。

区域重叠，创造多一房

建筑商惯用的营销卖点就是房数越多越好，事实上有些房间并不需要独立的空间，例如书房、客房、小孩房、游戏室，此时不妨运用移动隔间或是家具的弹性组合、架高通铺手法等，让一间房可以随着使用者的需求灵活改变用途。

概念 1

活动掀床，一房抵两房

硬生生要规划健身房、客房、休息区，是最浪费面积的做法，毕竟访客留宿是概率较低的事情，因此不如采用活动掀床，平常开阔的空间能任意使用，临时需要客房只要拉下床铺，即变为舒适的睡寝区。

概念 2

翻转家具、坐垫，客厅变睡寝区

面积受限就无法单独设置客房甚至是卧房，不如让家具像是变魔术般可以有多样分身，例如沙发往前拉变出一张床铺，沙发靠垫翻转铺平，客厅就能与和室相连成大通铺。

概念 3

架高通铺是小孩房更是游戏区

传统和室难以利用，问题出在隔间局限与功能的单一化，利用通透玻璃做隔间，通过架高地面衍生出家具（餐桌椅、书桌椅）以及好拿取的收纳空间，又能兼做孩子的游乐场。

概念 4

可移动隔间，不止多一房还让空间变大

书房、休息区是运用移动隔间的区域，平常把移动隔间全部敞开，不但空间视野变得宽阔，利用书柜的推移，还可以围出独立的客房。

是衣柜、书房，也是客房，打造住家版魔术方块

空间设计及图片提供：工一设计

跳出旧有的养蚊子、堆杂物的多功能和室形式，利用两两相对的四个活动衣柜、两拉门设计，满足屋主书房、客房，甚至更衣室的需求！首先拆除无对外窗的昏暗更衣室隔间实墙，设计相对灵活的衣柜，以单侧60cm深、240cm宽的弹性空间为设计关键，平时移开一边柜体就成了简易书房，一旦有客来访即可清空两侧、拉上拉门，马上拥有一间私密感十足的客房。

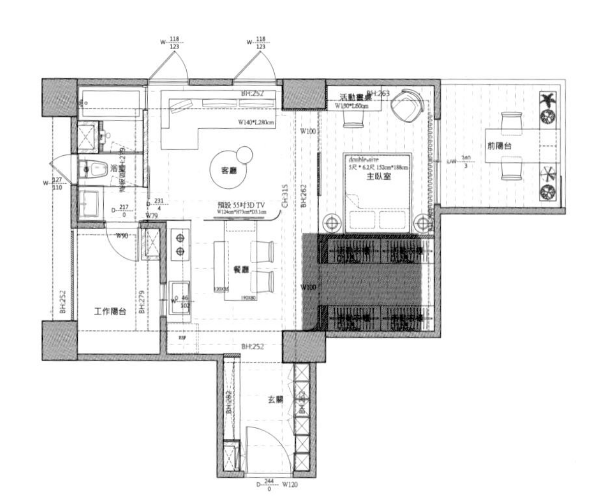

平面计划

调整旧有两房格局，拆除无开窗的暗房更衣间实墙，让传统意义上的多功能室更加名副其实。

规划策略

尺寸 两个内嵌活动柜体长240cm、深60cm，单面移走便能充当书房；两面柜体皆移走，关起拉门，加上过道宽度就是间独立客房。

工法 总共四个木衣柜，要精算尺寸才能精准内嵌，达到融为一体的视觉效果；下方设有活动小踢脚板，便于固定与移动。

材质 运用木皮染色整合所有体量，令视觉更加统一简洁；镂空玻璃点缀其间、搭配百叶帘，打破实墙密闭感，同时兼顾隐私。

赚6.6m^2
案例学习

复合柜体藏机关，客厅可休息也能变出大餐桌

空间设计及图片提供：Sim-Plex 设计工作室

只有46.2m^{2}的小住宅，如何兼顾功能又能享有宽敞舒适的空间感？设计师巧妙利用大面窗景做出一道立体框架，让电视就像是被放在一个木盒子里一般，旁边空出来的区域就是可休憩的小床，甚至还可以是餐厅的椅子。而餐桌就藏在大柜子内，拉出一半可供两人使用，全长拉出来是四人用的餐桌，不用餐也能单独拉出吧台使用，同时柜子内与入口鞋柜里皆隐藏着一大一小的椅凳，可根据使用人数做弹性运用。

平面计划

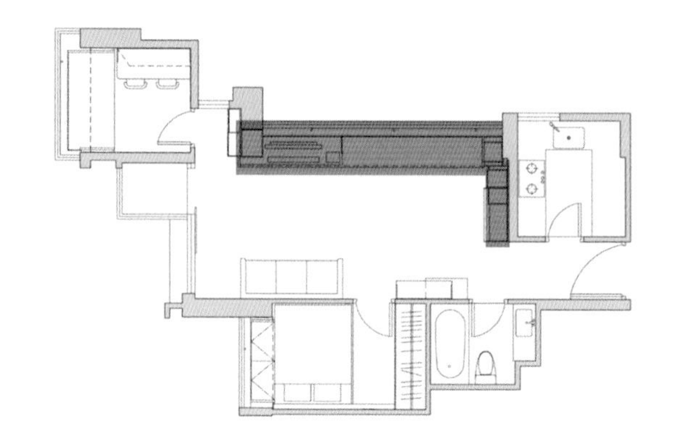

公共厅区属于偏长型的结构，为提升空间的开阔性，避免不必要的浪费，客餐厅规划在同一轴线上，达到坪效的最佳利用。

规划策略

材质｜柜体、窗台主要运用木皮与局部浅绿色，打造自然清新的氛围。

尺寸｜窗台深度接近60cm，可随兴坐卧，柜体深度约40cm，用于收纳餐桌、餐椅。

工法｜餐桌、椅凳底部利用滚轮五金，达到轻松移动的目的。

赚11.55m²
案例学习

是餐厅、起居室，也是客房，拥有超强收纳的多功能餐厨区

空间设计及图片提供：乐创空间设计

客房一定是坪效杀手、闲置空间代名词吗？那可不一定！设计师结合原本厨房与客房，采用局部架高处理，规划雾玻、铝制拉门，弹性开放设计赋予空间多功能，使其是厨房、餐厅、游戏起居室，更成为亲友来访时的落脚处。其中架高区除了能充当一侧餐椅外，还具备一整排靠墙的书架收纳，木作下方更暗藏上掀柜与抽屉，颠覆客房的既定印象，变身住家中功能满满的精华地带。

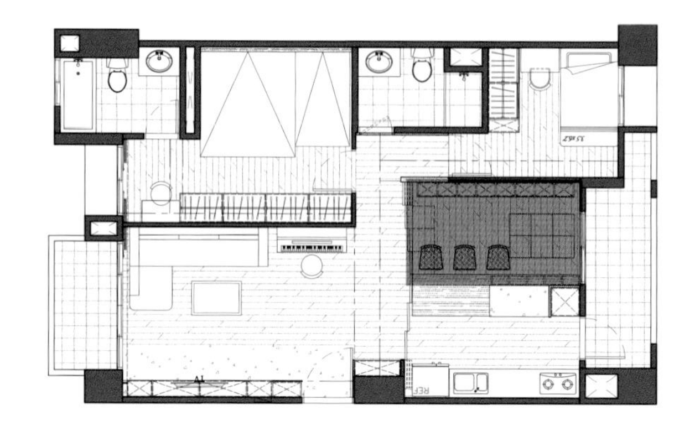

平面计划

改变多房格局，将厨房与相邻房间合二为一，搭配拉门令隔间可以弹性开合，活用住家每个角落。

规划策略

材质 | 架高地面为了上掀板日后能长久开合顺畅，特别选用超耐磨海岛型木地板，兼顾防磨损与防变形双重考虑。

尺寸 | 多功能区地面内藏150cm×90cm的6格上掀柜以及外侧深度60cm的大抽屉，收纳功能满满。

工法 | 和室区架高35cm，可通过10cm的椅垫做弹性调整，成为用餐空间的一部分，省下一侧单椅空间。

赚6.6m²
案例学习

拉起折叠门，客厅就是舒适客房

空间设计及图片提供：禾睿设计

客房是一个平常很少用到，需要时又相当重要的空间，但小面积住宅倘若非得保留独立的客房，变成是一种面积的浪费。于是设计师在客厅的一侧立面，利用折叠门搭配沙发床，让客厅不仅仅是全家的休闲区，折叠门片一拉就是一间单独的客房。而简约利落的电视柜立面以浅灰色调铺陈，呈现纯朴质感。

平面计划

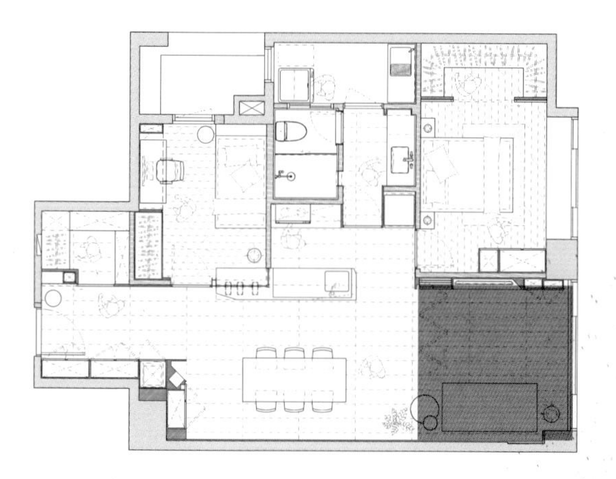

82.5m²老屋通过格局重整，让客厅空间变得完整方正，并结合活动式隔间争取多一房的功能。

规划策略

工法｜折叠拉门为连动式轨道，第一扇门片以L形切角设计，解决门片打开后面临大梁结构的问题。

材质｜简约利落的浅灰立面，呈现纯朴质感。

尺寸｜电视墙下方的设备柜，借取衣柜抽屉的空间，争取到45~50cm的收纳深度。

弹性上掀床，客房也是瑜伽室

空间设计及图片提供：工一设计

住家空间有限，保留客房与否一直是在格局规划时最让人犹豫不决的问题！其实通过柜体、五金的整合，让大部分时间闲置的客房床铺，也能巧妙藏起来，而释放出的空间就成为全家人皆能随性使用的多功能健身瑜伽区。除了隐藏的直立上掀床外，非窗台的三面墙皆为柜体，上方清水模假梁亦可上掀作为收纳空间，功能满满！

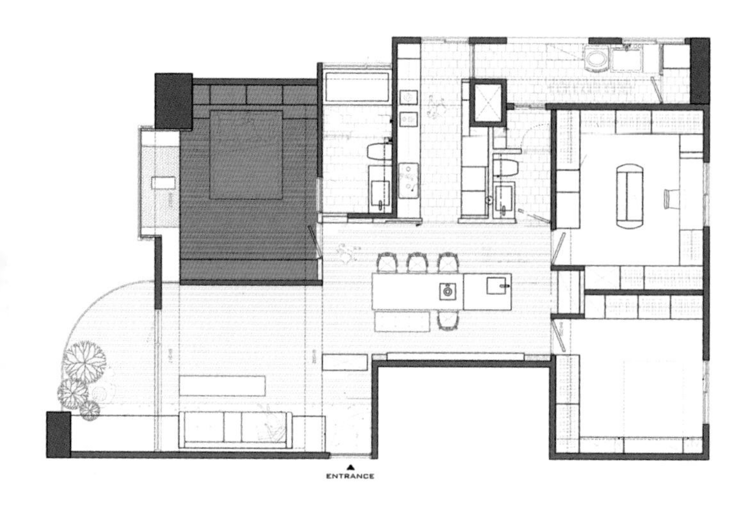

平面计划

将原有房间格局改为主卧、独立更衣间与多功能客房，有效减少闲置区域。

规划策略

尺寸｜多功能室约$13.2m^2$，平时供女主人做瑜伽，有客来访时可使用柜上2cm隐藏铁件放下掀床，变身客房使用。

材质｜室内涂清水模漆搭配木作，地面选择颜色相近的灰色系盘多磨地板，减少色彩种类，营造建筑结构的整体美感。

工法｜以海岛型木材作为柜体表面装饰，择其天然节眼纹理，原为1.8cm厚，为减轻重量与五金负荷，使用时需削薄至0.9cm。

复合式柜墙与大尺寸餐桌，餐厅兼做工作区

空间设计及图片提供：禾睿设计

82.5m²的小面积住宅，一方面必须保留两房的格局，一方面屋主又有偶尔在家工作的需求，若是以独立书房的概念做规划，格局在过度分割之下将会变小、有压迫感。因此设计师让餐厅空间除了用餐也作为工作区，并利用结构柱体产生的凹角落差，创造出复合式用途的书柜，转角柜体局部设计成开放展示区，收纳的物品变得多元。

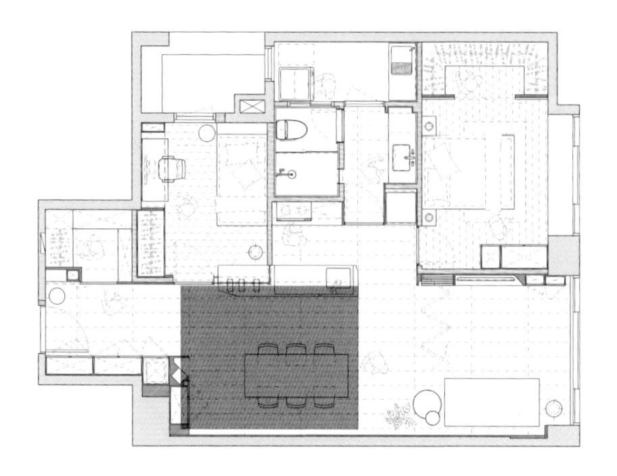

平面计划

将原有餐厨空间位置对调，并拆除玄关矮墙，将公共厅区的空间比例放大，创造出宽敞的生活动线。

规划策略

工法｜柜子内结合抽板与滑轨五金，让使用更为便利、功能更多样。

材质｜米色砖材由地面延伸至壁面，加强空间的整体感，令视觉上有放大感。

尺寸｜邻近餐桌的柜体为30cm左右深，事务机部分约为50cm深。

现阶段是客房、主卧休息区，未来可变为上下铺小孩房

空间设计及图片提供：路里设计

新婚夫妻的住宅最常面临的问题是，面积有限的情况下，若是直接预留两间小孩房，未来一间恐怕先沦为储藏室堆放杂物。设计师着力打造"随生活阶段变化可弹性变更的空间"，将两小房整为一大房，并采用架高通铺，房门更换为宽度110cm的大拉门，现阶段是长辈来访时居住的客房，平常拉门完全开启，就成为主卧附属的起居室，未来孩子出生即是婴儿房、游戏区，再大一点还能加上铁件结构，创造出上下铺，供两个孩子共享也没问题。

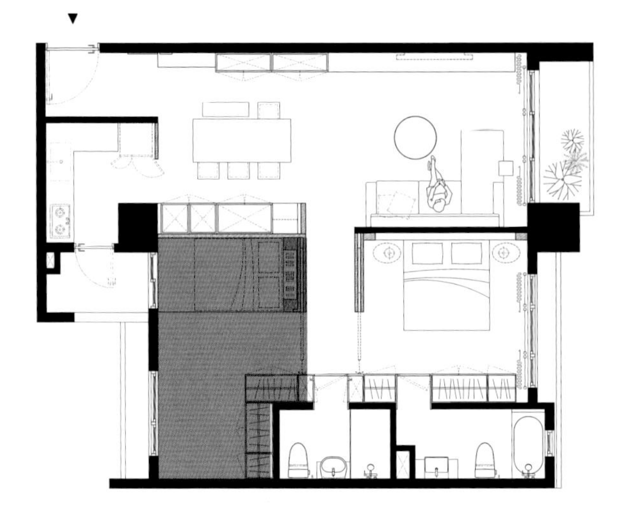

平面计划

82.5m²的新房配有三房两厅，原有的格局让人完全无法感受房子拥有的前后景致与采光优势，设计师将两小房拆除合并为一大房，以弹性拉门取代木作房门，赋予空间更大的使用弹性，也带来明亮通透的舒适氛围。

规划策略

工法 新规划的小孩房墙面与柜体皆特别加强骨料与板材厚度，未来就能直接加上铁件结构，创造出上、下铺的功能。

尺寸 架高通铺宽度155cm、长度接近270cm，足以放置双人床垫，而通铺下方也有35~38cm的深度可供收纳。

材质 架高部分的侧面特别运用白色，与木皮做搭配，削弱笨重的视觉效果。

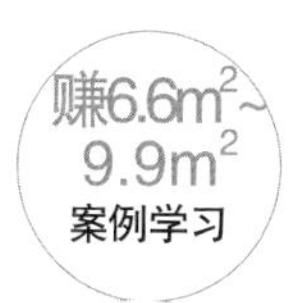

移开书柜！变出独立客房

空间设计及图片提供：怀特设计

屋主在现有格局之外，还需要一间客房，为了满足需求，又不想因此缩小其他空间的格局。设计师在开放式书房中规划了临窗的休憩区，同时将黑色书柜设计为可移动式，在需要客房时，只需将书柜移出，再搭配走道上一道拉门，就可轻松变身为独立房间。

平面计划

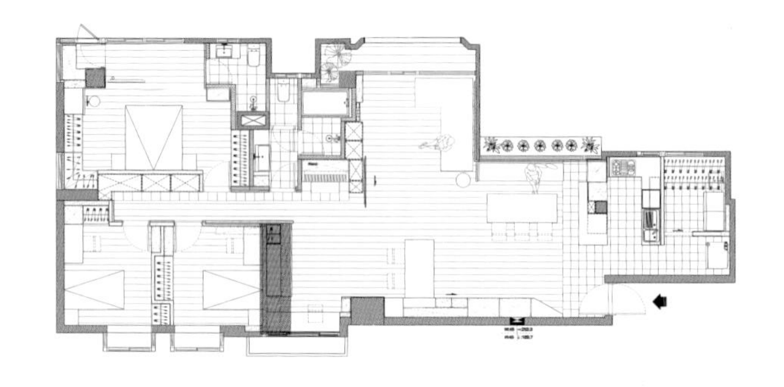

将书房与客厅设计在同一区域，并且将二者的功能先配置完成，最后利用书墙与拉门做出移动式隔间，避免不常用的客房沦为闲置空间。

规划策略

尺寸｜书柜的高与宽均超过2m，赋予空间丰富的收纳功能。

材质｜黑色书柜以木作搭配黑色烤漆设计，营造厚实安稳的墙面质感。

工法｜采用悬吊工法来移动书柜，好让空间如变魔法般变化出不同用途。

一房两用，书房兼做家庭健身房

空间设计及图片提供：iA Design荃巨设计工程有限公司

原先的三房两厅，除了不符合使用习惯以外，也缩减了厅区面积，并形成阴暗走道，设计师将隔间拆除，新增一间瑜伽室兼书房多功能室，不仅一房两用，更配以通透的隔间，当瑜伽室的门打开时，有如拥有一个全新的大客厅，在良好的采光、通风与空间感之中，享受舒适生活。

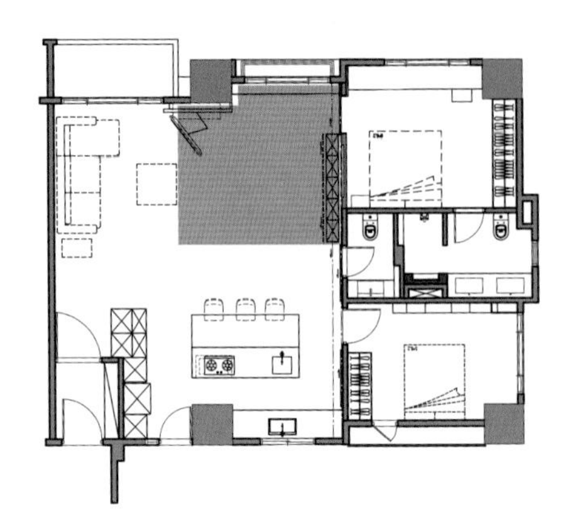

平面计划

除了开放式的空间设计，也选用可折叠的弹性餐桌，不止增加功能，更成功改变走道动线的拥挤。

规划策略

材质｜以清玻璃为面材，黑色铁件为架构做弹性隔间，让两面窗户的光线可相互交流，并扩大空间感。

尺寸｜精算轨道与勾缝细节，让门片可完整隐藏不留痕迹，达到更完整的开放形态。

工法｜多功能室内的书柜选用滑动式柜体，将主卧开口隐于其后，如“消失的密室”般充满趣味。

赚4.95m²
案例学习

拉收床架之间，卧房变麻将间、游戏室

空间设计及图片提供：合砌设计

82.5m²的两房格局，对一人居住或是往后成家来说看似足够，然而屋主喜欢邀约朋友到家里聚会，也会打打牌，如何在面积受限的情况下，额外创造空间的坪效？设计师在与客厅相邻的卧房选择可收纳式的床架设计，通过德国进口的特殊油压五金，可以轻松拉收床架，让卧房转换为麻将间、游戏区。除此之外，利用原本掀床必须预留的深度，两侧设计成衣柜、后方层架又能放置书籍、杂志等，增加了许多收纳功能。

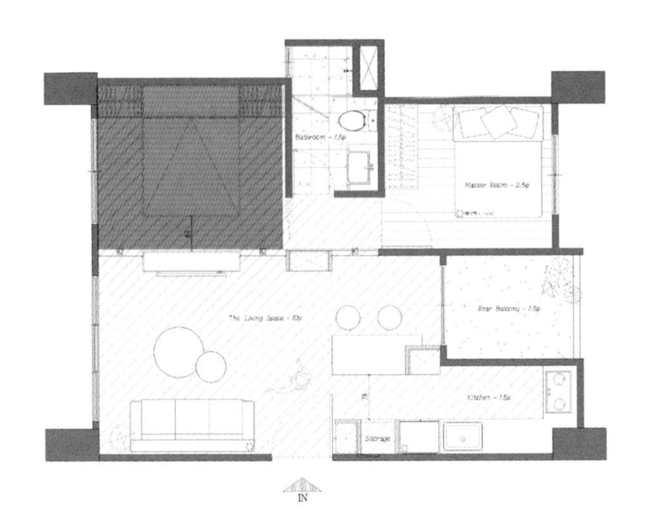

平面计划

拆除客厅与卧房之间的实墙，转为采用电视柜置中的设计，搭配玻璃拉门，让两区域形成环绕式动线，如此即可享有最多的进光量，提升空间的舒适度。

规划策略

工法 上掀床架使用德国品牌的特殊五金，床头后方为油压五金置入的空间，恰好也成为睡前小物的收纳平台。

材质 将丹宁蓝涂料色延伸至卧房，柜体立面运用白色喷漆与局部木纹点缀，塑造出清新温暖的氛围。

尺寸 一般掀床大约需预留30cm的深度，此处刻意提升至60cm，设计出两侧的衣柜。

悬吊式书桌，争取多一房功能

空间设计及图片提供：奇逸空间设计

由于空间才29.7m²大，包含一厅一卫一房的设计，因此采用开放式设计公共区域——客厅，以悬吊式书桌，为空间争取多一房的功能。公共区域结合书房与客厅功能，巧妙应用木地板做出内外区域区分，并使用带有大理石纹路的瓷砖铺于墙面，并与悬空书桌形成一体，书柜边桌的收纳柜体与层板也是悬空设计，更巧用发光玻璃与金属感镜面彰显前卫感，打造利落、大气的居家氛围。

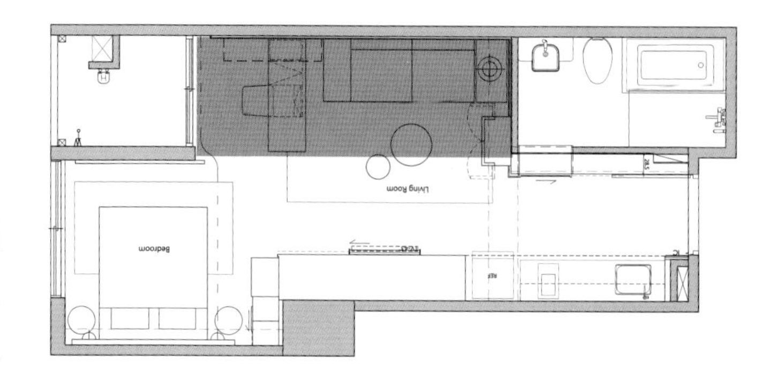

平面计划

客厅及书房采用开放式设计，并以书桌界定区域。书桌本身也扮演餐桌、化妆台的功能。

规划策略

尺寸｜书桌与玻璃层板长皆为120cm，层板采用悬吊式且搭配LED灯，视觉效果更为轻盈。

工法｜书桌选用白色铁件骨架及玻璃层板，书桌旁的收纳柜均采用嵌入墙面的悬吊式设计。

材质｜书桌以铁件做骨架支撑，表面则用石材薄片做包覆，与沙发背景墙面相互呼应。

过渡空间兼具游戏室、书房多元功能

空间设计及图片提供：禾光室内装修设计

小孩房最常面临的问题是，男女有别，还得考虑共用的阅读空间，不过这间89.1m²老屋的改造，却能让孩子们拥有舒眠区、游戏区，甚至还有共享的大书房！设计师将一大一小的小孩房重新调整为两间单纯睡觉的卧房，卧房之间的过道区域以多功能室作为串联，以类似书院的架构安排空间，目前是接待小小亲友的游戏区，将来就是孩子们共用的书房，让孩子们可以一起游戏、读书，培养手足间的感情。

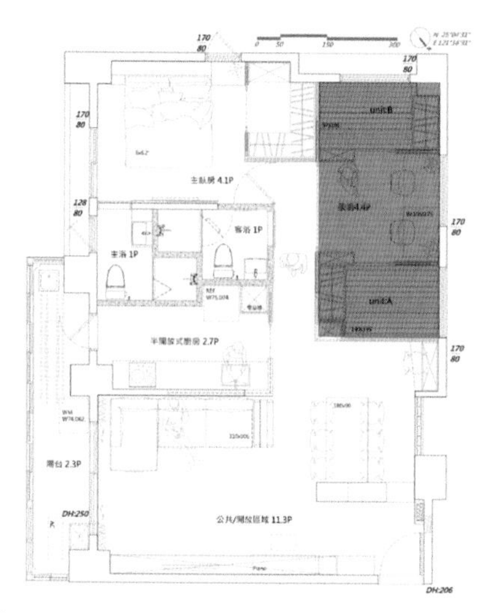

平面计划

小孩房调整为单纯睡寝功能的卧房，中间则是多功能空间，同时也是通往房间的过道，兼具数种用途，提高空间坪效。

规划策略

工法 小孩房门片皆采用桦木复合板做滑门设计，省下门片开合的回转半径空间。

材质 蓝色书柜特别选用无毒环保沃克板，给孩子安全健康的居住环境，浅灰色橡木地板与桦木门片也为空间带来自然温馨的氛围。

尺寸 多功能室预留228cm的宽度，未来能调整为专用书房，足以放下两人共用的书桌。

赚3.3m²
案例学习

复合中岛整合用餐、收纳空间，创造超高坪效

空间设计及图片提供：禾睿设计

52.8m²的小面积住宅，对屋主来说，最重要的是空间的舒适性以及功能性。由于仅有一人居住，餐厅的使用频率并不高，因此设计师将餐厨空间合并，进入玄关后直接运用中岛吧台整合用餐、收纳与展示空间，吧台内侧是橱柜，吊柜结合展示与杯架区，外侧吧台立面还特别加入斜角设计，让屋主能舒适摆放双脚。只要拿捏好每个细节，就能打造高坪效的舒适空间。

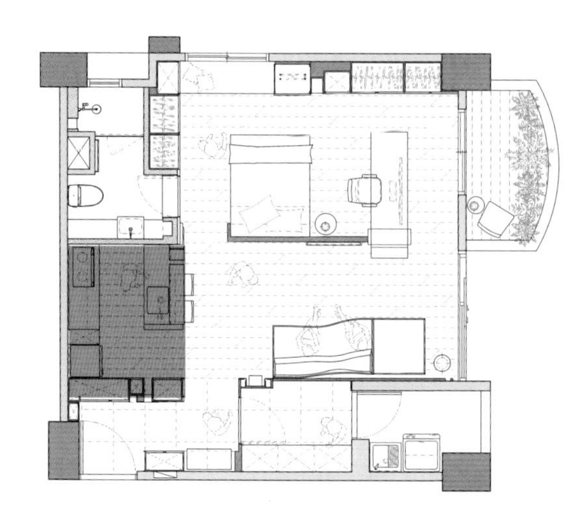

平面计划

厨房由入口右侧挪移至里面与客厅打通，通过开放式水平轴线，拓展小面积空间的开阔性。

规划策略

工法｜悬吊铁件与原始天花板结构做连接，确保其承重与稳固性。

材质｜悬吊柜体使用线条细致的铁件打造，创造轻盈的视觉感受。

尺寸｜水槽台面缩减至50cm宽，外侧用餐桌面大约为25cm宽，一人使用绰绰有余。

兼备收纳、展示与化解风水问题的多功能隔屏

空间设计及图片提供：禾睿设计

提升坪效最简单直接的方式，就是运用1+1 > 2的设计理念，两房两厅的住宅空间，玄关入口矗立着一面展示墙，既是解决穿堂煞的隔屏，同时也增加了充足的收纳空间，木作、铁件穿插构成的体量，刻意留出缝隙，透过折射产生一道道光束，让入口区域能保持明亮，最右侧橱柜则搭配门片式设计，令视觉有层次变化，也拉大横向尺度。

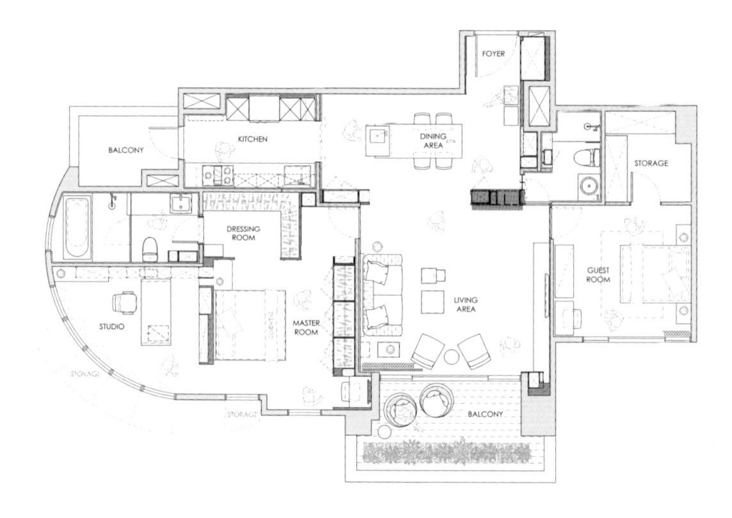

平面计划

入口利用一道隔屏避免大门直接面向落地窗，作出动线引导，隐性界定玄关空间。除此之外，更延续这道隔屏的立面设计，整合修饰大梁与客厕入口，并巧妙设计隐性的区域间隔。

规划策略

工法 开门式门片以线形沟槽作为把手，让体量线条简约一致且利落大方。

材质 利用铁件、木作交错创造镂空线条，降低空间的压迫感，化解阴暗。

尺寸 柜体深度约35cm，书籍、鞋子都能收纳。

赚6.6m²
案例学习

拉阔廊道，打造可开合的儿童游戏区域

空间设计及图片提供：奇逸空间设计

位于顶楼复式住宅，屋主希望能打造友善的亲子互动空间，因此考虑空间的垂直关系，将公共区域分开规划，客厅在楼下，餐厨空间及工作区移至楼上。一楼空间从一进门以黑色墙面打造连贯感设计，串起玄关与客厅，舍弃电视墙，改采用隐藏式投影幕布，让孩子远离电视；孩子房以弹性门片作出空间界定，将通道规划为小小的游戏区，通道柜面上有挖空设计，营造童趣画面。

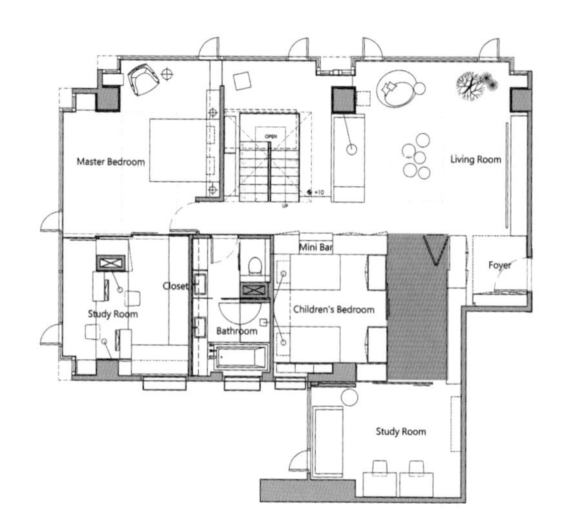

平面计划

小朋友阅读及游乐区域设定在一楼，临客厅处，以方便夫妻照料，同时利用地毯及折叠门，界定区域，必要时也能各自独立。

规划策略

工法｜大小圆洞以木工圆形切孔机器做切割。

尺寸｜廊道高度与梁下齐，约220cm，宽度约280cm，正好是两片折门的宽度。

材质｜廊道铺设地毯，与公共厅区作出区分，让小朋友玩乐时更舒适安全。

赚5m²
案例学习

卧房、书房合二为一，空间感加倍放大

空间设计及图片提供：禾睿设计

将主卧房与书房合二为一，并运用半墙设计区分休息区和书房，加上铁件框架搭配木作的大面书墙，为书房带来充分的藏书空间，左方浅灰柜体则加入抽板设计，隐藏工作用的设备。床头板嵌入一字型铁件框架，除了通过比例分割创造变化，还可以放置如眼镜、手表等小物件，而向右侧延伸的平台，更是实用的床头边几。

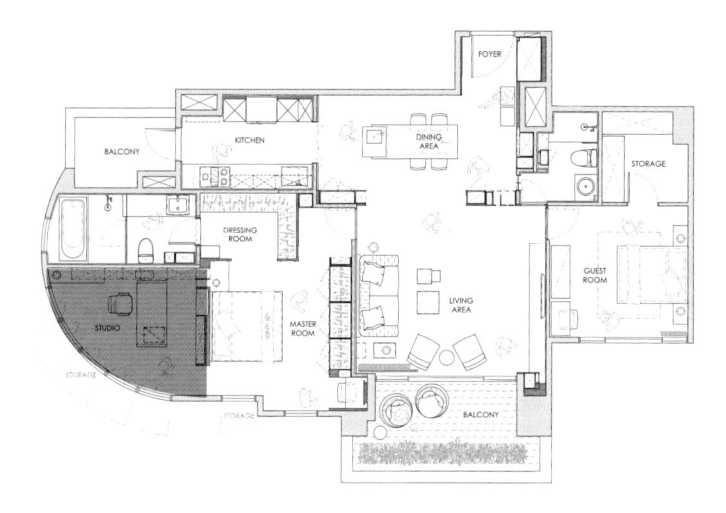

平面计划

在床位与书桌朝向有限制的情况下，舍弃实墙，运用空间整并的概念，让卧房获得大面积采光与景致，创造放大空间的视觉效果。

规划策略

材质 | 铁件框架内置灯光照明，线性光源为夜晚增添气氛。

尺寸 | 床头板高度拉至110cm左右，让睡寝区更有包覆感与安全感。

工法 | 书柜采用镂空脱缝设计，让视觉保持延伸、通透。

复合功能区，书房、餐厅都适用

空间设计及图片提供：乐沐制作空间设计

空间被赋予简洁的设计，以功能设计为主，不刻意定义区块属性，如于客厅沙发后方安置复合功能区，配置一长型桌体，并于后方墙面规划收纳书柜，让该区域兼具用餐与阅读功能，搭配天花板、地面、墙面的层次变化，以及美好采光，营造出温馨氛围，衍生出带有层次感的生活风景。

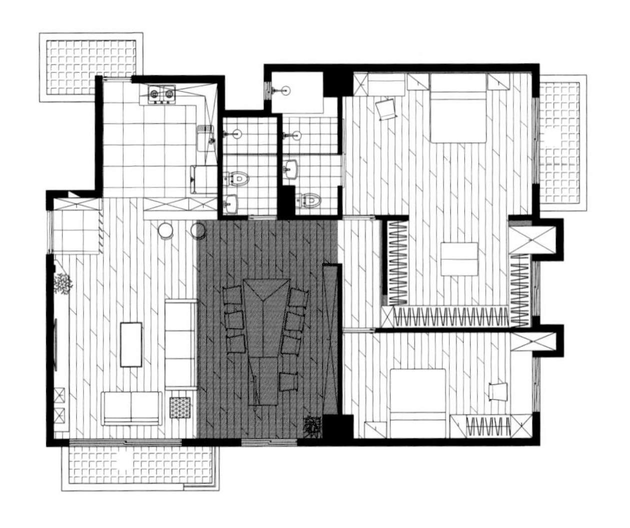

平面计划

公共区域以家具位置划分区块，讲究具有余量的走道空间，保有通透布局与流畅动线。

规划策略

工法｜书柜作出斜线切割，兼具封闭式收纳与展示的设计，可以把日用品与书籍集中置放在此。

尺寸｜将餐桌台面加长，以另一端作为电脑桌使用，台面底部亦结合收纳设计，一体多用。

材质｜使用深浅各异的木纹做搭配，减少突兀的色彩表现，营造敞朗明亮的居家空间。

赚6.6m²
案例学习

巧用拉门，书房变身起居室、客房

空间设计及图片提供：iA Design荃巨设计工程有限公司

作为单身住宅使用的99m²的家，既有的两房显得多余，于是将其中一房改为开放书房，将实墙拆除，配上弹性拉门，变为多功能起居室、客房、书房，同时餐厨位置挪至与客厅同一轴线，展现开阔尺度，通过开放格局与拉门的设计，让单身住宅除了自住之外，也成为与亲友联络情谊的会客小厅。

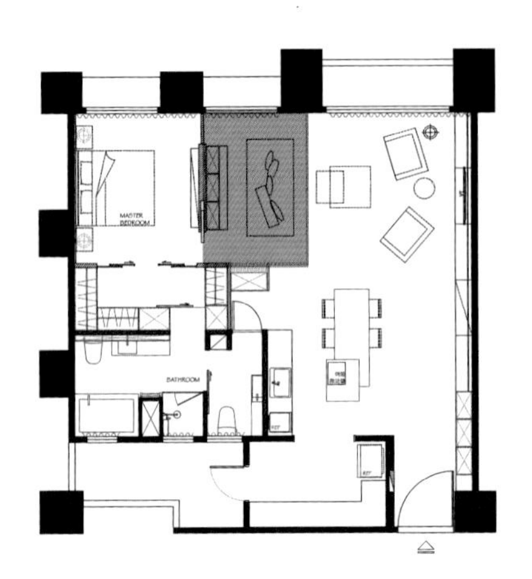

平面计划

拆除厨房及一房的实墙，让整个厅区格局方正，带来良好的采光，塑造出开阔的空间。

规划策略

工法 书房规划弹性拉门，房内更暗藏主卧入口，在精心设计之下，打造人性化动线。

尺寸 沙发座面宽度定制为单人床尺寸，可充作床铺使用，让书房随时可变为临时客房。

材质 书房拉门采用玉砂玻璃，透光不透视的雾面设计，随时保有个人隐私。

赚$1.65m^2$
案例学习

电视横移，现出完美收纳墙

空间设计及图片提供：怀特设计

黄色装饰主墙是公共区电视墙，同时也是收纳功能强大的功能墙面，设计师巧妙将电视墙借由轨道作可横移设计，使电视不再被固定在某一点，可以随着家人主要活动的地点变化来调整，无论在客厅、餐厅或书房都可以获得最好的收视效果。另外，电视后方有收纳柜与琴房，只要移开电视即可打开柜门取放物品，便捷又美观。

平面计划

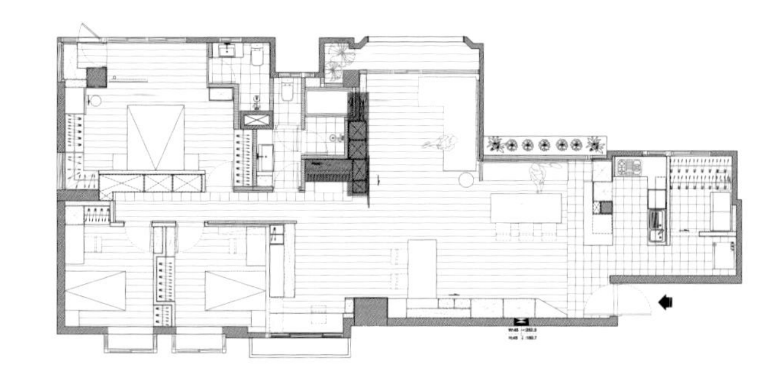

因电视横移时会影响动线，须配合空间，拿捏尺寸，另外，琴房采用嵌入式设计，平日可完全收在柜内，相当省空间。

规划策略

材质　借由铁件轻质坚固又具有可塑性的材质特色来打造电视墙，同时也与室内风格契合。

尺寸　橱柜柜体与琴房的尺寸均需事先精准计算，并与轨道电视墙搭配，避免互卡的情形出现。

工法　可移动式电视是采用上方悬吊式设计，横移方便且不占空间。

移开L形玻璃门，让游戏区更宽敞

空间设计及图片提供：怀特设计

为了给予孩子更多的游戏活动空间，屋主希望家中尽量减少隔间墙，让格局更自由，但又担心厨房完全开放有油烟外溢的问题。因此，在中岛餐厨区利用一座中间固定，左右可移动的玻璃门作出区隔，其中，在餐厨区与客厅孩子游戏区之间的L形玻璃门平时可移动至贴近中岛，让出更大的游戏区给孩子。

平面计划

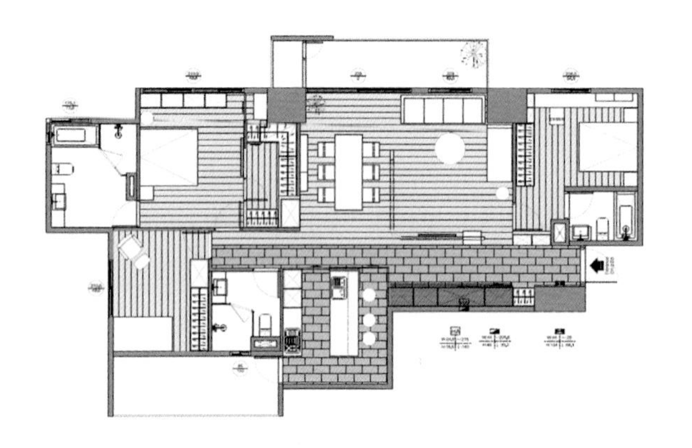

为了让游戏区更宽敞，同时保持餐厨区完整性，L形拉门采用可移动式设计，使两个空间可被重叠使用。

规划策略

尺寸 将大片玻璃门分割为3片，中间为固定式设计，左右片可移动，让空间使用更为方便灵活。

材质 玻璃搭配铁件打造的L形玻璃门即使关上也能有通透的视野，让空间更明亮。

工法 左侧L造型玻璃门采用透明设计，既可包覆餐厨区，又不遮掩视线。

赚9.9m^2
案例学习

厨房、书房、餐厅多合一，打造专属的贵宾包厢

空间设计及图片提供：乐创空间设计

为了满足喜爱下厨招待亲友与线上游戏的屋主的需求，设计师打破旧有格局中的一字型厨房与独立小房间之间的实墙，将两者合二为一，使用铁件、新西兰实木打造餐厨与工作区共用的桌面，让小宅的生活重心转移至此处，让这儿除了拥有烹调、用餐、书房等功能外，更变成独一无二的贵宾包厢，达到1+1>2的效果！

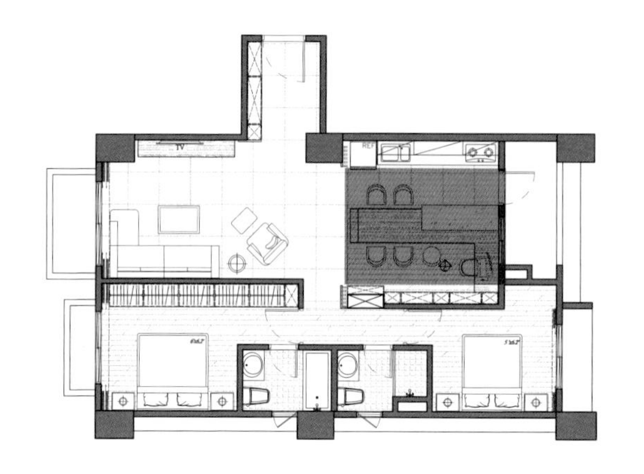

平面计划

拆除厨房与书房之间的实墙，设置一个此处与走廊间的双面柜体，规划最适合屋主生活习惯的梦幻区域。

规划策略

尺寸　厨房走道宽度拉大设计，为110cm，桌面与冰箱相邻的较窄处，也微调桌面尺寸，保持错身的舒适、安全性。

工法　书桌、餐桌皆采用工厂按图施作、现场组装方式，为能保证工程顺利进行，除了力求尺寸精确，铁件架构也有预先暗藏弹性伸缩结构，提升容错率。

材质　餐桌与书桌采用新西兰松木打造而成，搭配架高赛丽石餐台及铁件骨架。

以玄关连接阳台，打造阳光下的孩子王国

空间设计及图片提供：一它设计 i.T Design

“喜光”，是设计师给这个家取的名字，这个空间虽略为狭长，但大门处窗口向阳区，原为阳台外推区域，有着明亮的光照，设计师索性让出空间，只以开放式白铁件柜体简单收纳衣物、居家生活杂货，让阳光在家中畅行无阻，窗下小空间同时打造成孩子的小小游戏区，让孩子与阳光、植栽一同成为空间中最甜美的风景。

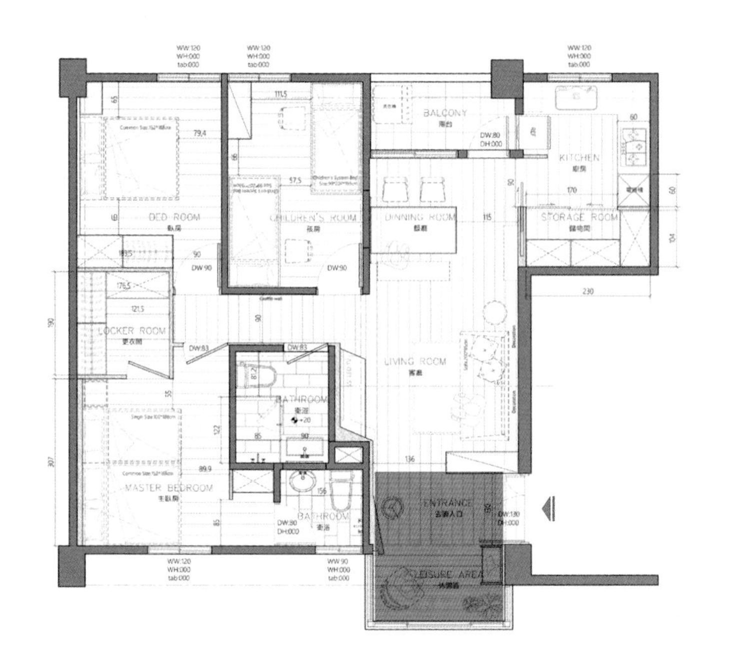

平面计划

大门临窗空间作为小孩安心玩乐场所，玄关靠厅区处则以半腰式收纳界定区域，也让小面积空间因柜体矮化而拥有舒适宽敞的视野。

规划策略

尺寸　玄关处以120cm短柜收纳鞋类物品。

材质　开放式轻铁件白色层架，顶天立地却不带来任何视觉负担，随心吊挂的盆栽能塑造随性的生活感。

工法　由于要留出儿童游乐空间，设计上少即是多，避免多余装潢，仅以简单软装搭配水泥大梁，打造自在的生活状态。

赚6.6m²
案例学习

复合柜墙收纳厨具，空间的最大化利用

空间设计及图片提供：PSW建筑研究室

在生活密度拥挤的都会区，若只能购入小面积住宅，是否有可能满足功能的需求与充足的收纳，这间仅仅33m²的微型住宅做了最好的诠释。设计师将所有书籍、厨具、衣物集中收纳在屋子的左侧墙面，深度控制在50～55cm，通过不同的分割方式赋予收纳区不同的储物功能，例如一进门的格状划分，是书墙、展示区，让客厅身兼阅读与起居等多元功能，通过楼梯往下进入餐厨空间，收纳区则是转换为具有门片形式，用于存放厨具等，长型门片收纳行李箱或是换季家电绝对不成问题，楼梯还能左右移动，方便拿取墙柜较高处的物件。

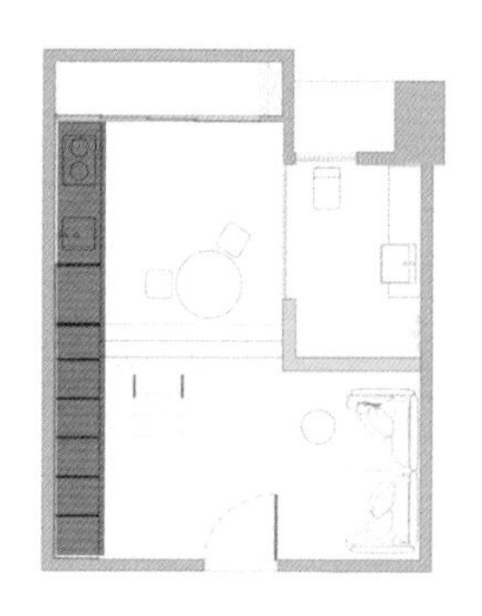

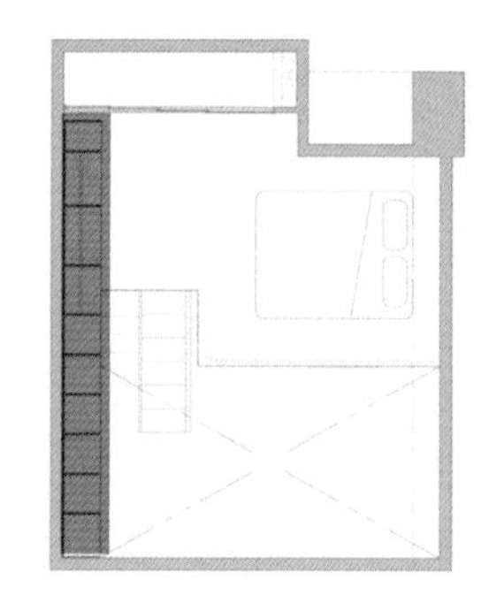

平面计划

将局部夹层边缘内缩，利用收纳与功能最大化的处理手法，加上利落通透的线条结构，塑造出宽敞、明亮的空间，上层2m的高度，同样能舒适地站立。

规划策略

材质 运用最原始的材质，未上漆桦木夹板构成柜墙主体，打造纯净清爽的氛围。

尺寸 柜墙深度50～55cm，赋予空间充足的收纳区。

工法 柜墙全部采用木工定制，由于直接以原始材质打造且未收边，木板直、横向结构与把手都必须很精准地对齐。

百变地面“变出”家具、收纳区与游乐场，带来更多可能

空间设计及图片提供：构设计

35年的老房子总共抚育了四代人，屋主是最年迈的90岁老奶奶，另外祖父母、父母共5人一同居住，在外工作的第四代年轻人则在假日时才会返家。长辈们在此累积了数十年的回忆，需要大量的收纳空间，于是增加了储藏室的数量，更将客房设计成全面的收纳空间，墙面、地面中可变化出桌子、橱柜与抽屉等，如此把家的收纳功能发挥到极致，偌大的空间还能成为孩子的游戏场。

平面计划

既需要增加收纳区，又得为偶尔返家的家人留出卧室，活用地面的隐形空间最能一举两得！

规划策略

工法　应需要规划立面柜体内的层板、抽屉；地面中的自动升降桌、上掀式柜体，使用起来毫不费力。

材质　立面以系统柜打造，柜门开合皆有油压棒式五金做缓冲，安全无忧。

尺寸　地面柜体30~45cm深，能收纳大型物件，油压棒式的五金确保开合使用时顺畅。

赚6.6m²
案例学习

滑梯、卧榻，客厅是孩子的游乐场

空间设计及图片提供：Hao Design好室设计

夫妻俩希望家居空间设计时充分考虑孩子活动区域，让父母能关注孩子每一个成长阶段，于是把客厅变成“阅读游乐区”想法逐渐形成，将客厅划分出一块作为孩子的滑梯跟阁楼区域，而下方的卧榻则是妈妈讲故事的地方，滑梯是活动式卡榫结构，可以收起来，让阳台空间变大，并利用阳台角落种花并架设秋千。看着老婆与女儿们一同弹奏钢琴，关于家的梦想都在眼前。

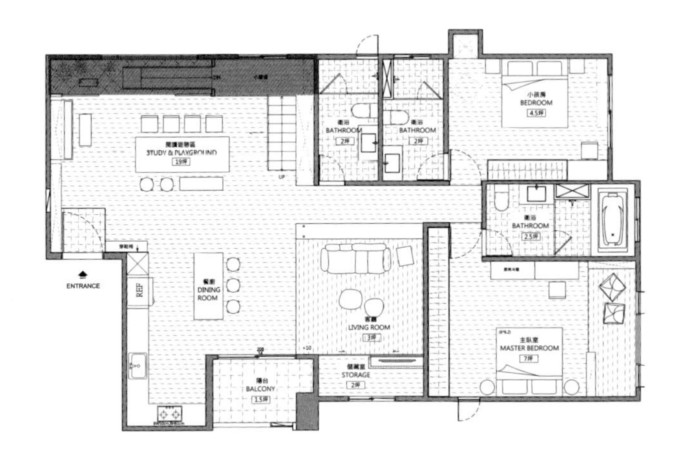

平面计划

家中的滑梯采用活动式设计，运用卡榫结构可收放自如。阳台的秋千，伴随错落摆放的植栽形成一片美好的风景。

规划策略

工法 松木夹板以护木漆涂于表面，如发生刮擦，痕迹不明显。

材质 阁楼采用胶合板配以白色喷漆，滑梯则是运用松木夹板，为空间带来自然轻松氛围。

尺寸 以孩子的身高、体重为依据设计，滑梯长度为290cm，搭配60cm宽度，160cm高度，让大人可照顾到孩子上下的安全性。

客厅结合开放书房，满足大量收纳需求

空间设计及图片提供：构设计

由于屋主年届高龄，家里人口又多，设计师将客厅作为公共生活的重心，通过格局与动线，在同一区域中创造最多元的运用方式。规划上，大门处增设玄关柜，同时也是电视墙面，增加隐蔽性的同时也能创造回形双动线；一字型沙发前挪留出了沙发背后的阅读空间，并增设造型展示柜，可供屋主收纳藏书与各式藏品。

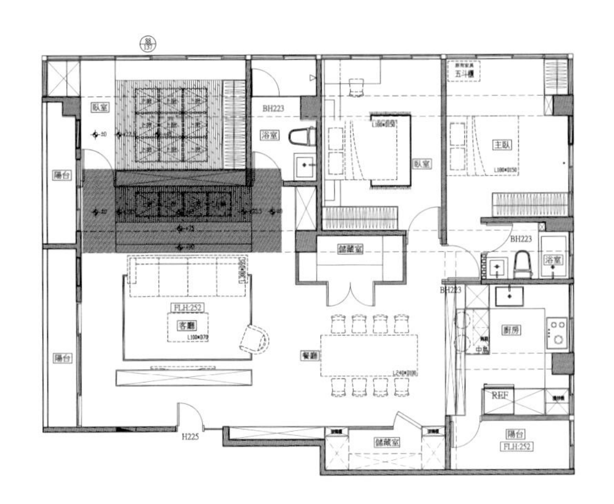

平面计划

人多、需求多的空间，通过墙面、地板架高及一物多用的手法，创造空间层次，提升空间坪效。

规划策略

材质　立面柜体以大量梧桐木皮及白色烤漆搭配制成，以温暖的材质描绘家的温馨。

尺寸　高200cm，深30~40cm的玄关柜体前后皆有功能区，不至顶的设计既能界定区域又不增加压迫感。

工法　沙发后方半墙架高45cm，同时取代桌子，坐下即能就着它阅读。

拉门、折叠门，开启客房、健身房、小孩房

空间设计及图片提供：Studio In2 深活生活设计

公共区域中不难感受到空间使用的高度自由，设计师以水泥粉光几何设计的沙发背景墙作为中心点，后方结合书架、衣柜的横拉门设计，保留两边通道，营造回形动线，让空间显得通透宽敞。作为预留小孩房，在特殊拉门、折叠门结构下通过开合调节，能有客房、休憩区、健身房等多重变化。

平面计划

回形动线界定了室内公共区域的核心规模，再顺势向四周延伸，由于小孩房门片可弹性变化，核心规模随时都能依需要倍增！

规划策略

工法　多功能室以横拉门与折叠门取代实墙，房间内以卧榻取代床架，坐卧皆宜，一物多用。

材质　超耐磨木地板、磨石子地面作为窗边阳台与室内空间的分界线，搭配水泥粉光墙塑造质朴氛围。

尺寸　折叠门全长约280cm，以4片门板构成，自由开合的门板活化空间的便利度。

赚6.6m^2
案例学习

架高平台是实用餐椅延伸，也是起居休憩区

空间设计及图片提供：谧空间

坐落在市区山边的72.6m^2长型小屋，门口为绿意盎然的迂回小径，因此室内空间减少繁复的设计元素，通过材料本身的纹理呼应门外的环境，除了以大面展示柜结合落地窗户，将窗外的景致引进日常生活空间中，客餐厅结合在一起，并与架高休闲平台的起居空间结合，在天花板设计上顺应原有屋顶拉高的山形天花板，营造放慢步调、享受恬静的生活氛围。

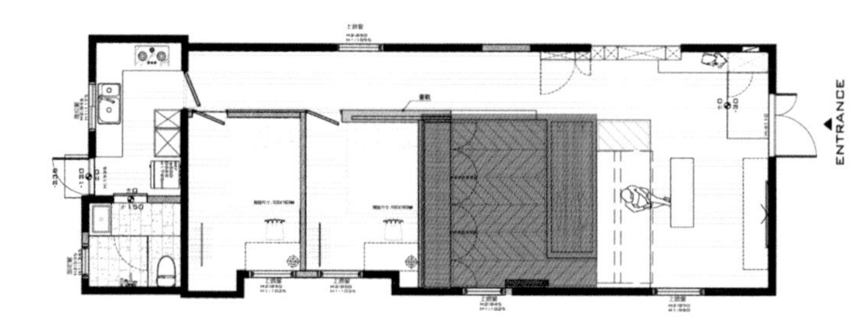

平面计划

以餐厅过渡客厅及起居空间，利用双面沙发及架高地板，作为餐厅坐椅，并搭配折叠门及拉门，活用空间。

规划策略

材质 大量温润的原木材质，以人字型拼贴，搭配暖色调，创造自然亲密的氛围。

工法 利用山形屋顶悬吊铝架轨道设计折叠门及拉门，活用空间，并在轨道上方与天花板之间做镂空设计，保持良好的通风采光。

尺寸 架高45cm木地板，是250cm木长桌的座椅，可以容纳许多人一起用餐。

架高小孩房连接主卧，有限面积延伸出无限功能

空间设计及图片提供：构设计

仅33m²大的空间里得容纳两房两厅，提供一家三口的生活空间，每寸空间都必须发挥最大坪效！设计师在客厅与主卧做了大量区域重叠的安排；特别是在主卧侧边以透明玻璃拉门隔出孩子的独立空间，地面架高可作收纳，上方亦有大量收纳空间；主卧衣柜拥有双面功能设计，另一面为电视柜，充分运用所有空间。

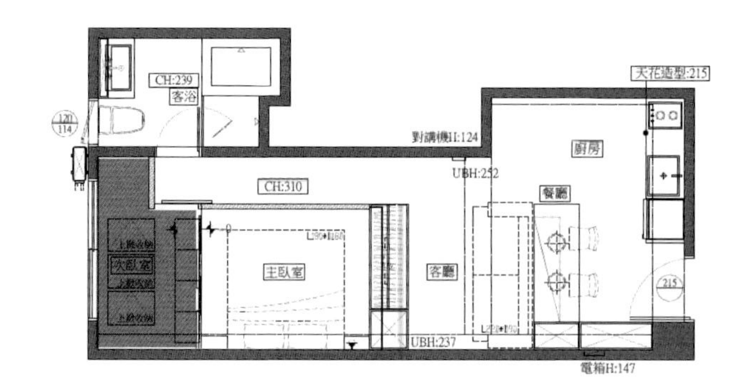

平面计划

打破格局的开放式设计能为小面积带来更多可用空间，客厅结合书房、餐厅与玄关，卧房结合大量收纳区与儿童房，通过重叠使用概念，创造3房般的功能。

规划策略

工法 充分运用上下空间作收纳，玻璃的穿透性使自然光在卧室畅行无阻，增大空间视觉感。

材质 玻璃拉门能减轻立面的视觉重量，加装窗帘就能解决隐私问题。

尺寸 小孩房架高30cm，成为各种书籍、杂物的收纳空间，室内高度扣掉上下柜体仍有180cm，对小孩而言没有太大压迫感。

赚6.6m²
案例学习

内藏游戏阁楼的超能书房

空间设计及图片提供：耀昀创意设计

家有学龄小孩的家庭常因需要书房，同时又想要游戏间而陷入设计两难。为此设计师将书房以上下分割的方式设计，在同一平面空间中设计了专属阁楼，让多功能书房不仅能拥有大量的收纳区，增设的夹层空间则让孩子们享有阁楼游戏区，最棒的是在通往阁楼的楼梯下方位置打造了书桌，保有固定的学习阅读区。

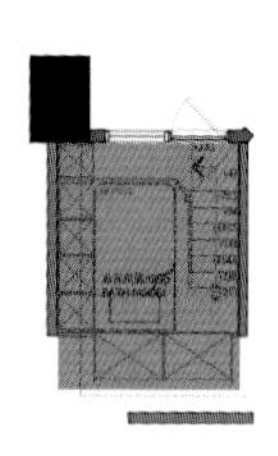

平面计划

书房与游戏区属性接近，加上孩子未来变动性较大，因此可将二者同步规划，日后也可一起改造。

规划策略

材质 利用大量原木搭配白色，打造柔亮色调。

工法 以铁件在夹层中做出护栏确保安全性。

尺寸 一楼考虑到舒适度及使用性保持在195cm高度，阁楼则为140cm高，作为孩子游戏区刚好。

赚6.6m²
案例学习

架高设计，整合床铺、储藏室与更衣室

空间设计及图片提供：谧空间

在这个仅有29.7m²大的单身住宅中，通过空间的垂直及水平延展，利用精巧的设计与尺度安排，将客、餐厅区域，以提供用餐及工作功能的高吧台划分。同时，利用挑高3.2m高度，将上层设计为睡眠区床铺，下方留出的空间规划为储藏室及更衣室，解决收纳空间不足的问题。

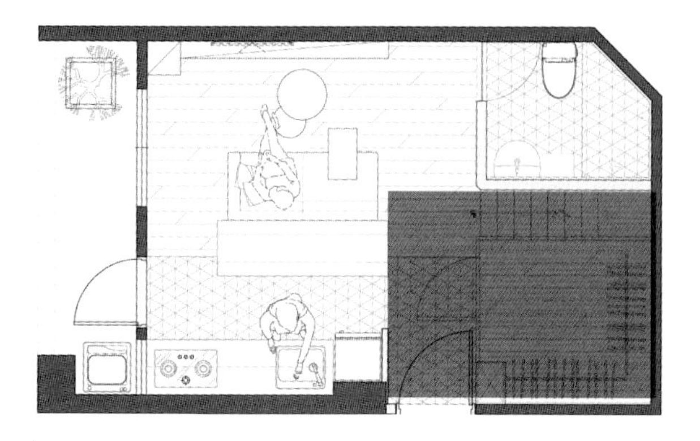

平面计划

借出空间垂直向上拉伸，将功能区重新定义、整合，创造小空间的丰富功能及视觉层次。

规划策略

材质｜利用浅色系木纹，搭配镜面反射与不锈钢面材楼梯，创造出厚重与轻盈相互融合的对比效果。

工法｜阁楼内里结构采用不锈钢管做骨架，外面再包覆木板，塑造清新的视觉效果。

尺寸｜利用3.2m挑高，将180cm高的空间留给下方储藏室，楼上高度则刚好满足坐卧起身的需求。

一墙衍生出琴房、家庭剧院

空间设计及图片提供：耀昀创意设计

需要客厅，也不能少掉琴房，同时又希望能有大荧幕的家庭剧院，这么多需求能够一次实现吗？在仅有79.2m^2的住宅中，设计师以共用区域的概念在落地窗旁定位出客厅，同时将沙发对面的墙面安排为钢琴置放区，左侧则有玻璃墙柜增加收纳区；家庭剧院则是利用落地窗上方设置可收起的投影幕布，如此在客厅与餐厅的座位区都可以观赏。

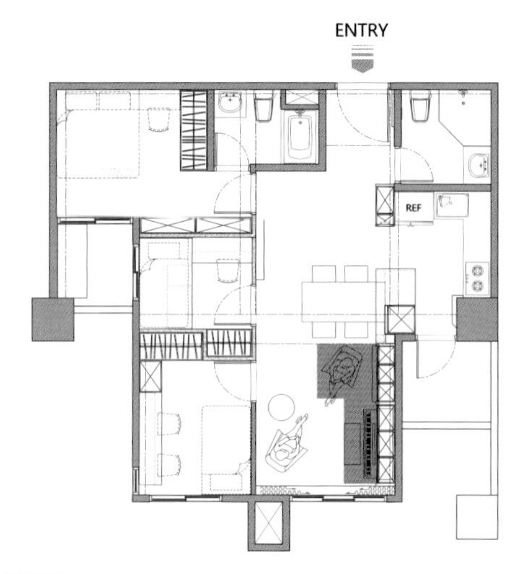

平面计划

先将须定位的沙发区与钢琴区分别置于两侧，而窗边则配置可收纳的投影幕布，可避免采光受到遮挡。

规划策略

工法｜电视线路预留在墙后，右下柜体也收整设备器材。

材质｜素雅白墙凸显美式轻古典风格，并将琴房区施以浅绿色漆来增加空间的变化性。

尺寸｜由于空间有限，设计师提醒必须于一开始就掌握好所有物件的尺寸，才能顺利完成设计。

功能已达上限！4.29m²双层客房、书房

空间设计及图片提供：新澄设计

4.29m²能怎么规划？在这个想象中大概只能容纳一张床的弹丸之地，除了屋主指定的客房用途，以夹层方式塞入书桌、收纳小格、穿衣镜、衣橱等，用C型钢、6mm薄铁板搭配木作，在保障使用安全的前提下，极力压缩建材厚度，争取每一寸可利用的细微缝隙。

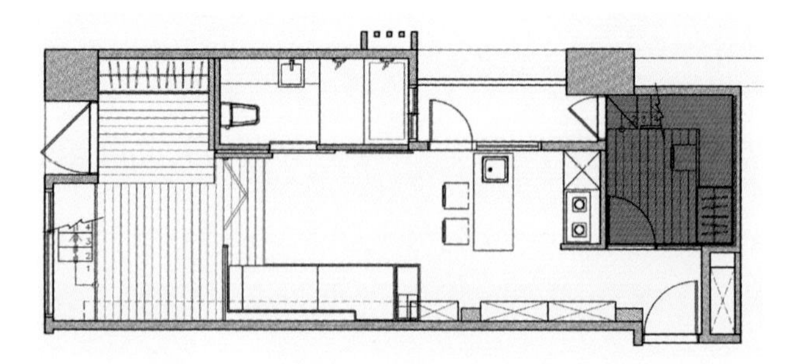

平面计划

新成屋住家拆除实墙，令自然光源能照进室内，令4.29m²的小空间看起来更敞朗舒适。

规划策略

尺寸｜4.29m²空间里设计出书房、客房双层功能区，极力善用每一寸坪效。

材质｜夹层以C型钢、工字铁作为骨架、扶手，搭配木作打造柜体与书桌，兼顾美观与安全。

工法｜利用6mm薄铁板搭配木作格子收纳楼梯，保障载重，节省空间。

小角落再利用，扩充收纳空间

空间无可避免的柱体、楼梯下、大梁下，看似难以利用的小角落，借由卧榻整合收纳，或是将小空间规划为书墙、电视柜或是储藏室等设计方案，反而能为一个家扩充收纳空间。

概念

1

廊道融入功能更实用

传统思维里住宅的走道，仅仅用于串接各区域，走道产生的反而是一种无用的空间。将居住行为直接规划于廊道上，例如设置中岛吧台，或是置入柜体，就能善用走廊区域，减少不必要的浪费。

概念

2

结构柱体成书桌、收纳柜

结构柱体通常有30cm左右的厚度，利用柱体厚度拉出整齐一致的轴线施作柜体，就能巧妙修饰柱子，又能让收纳空间激增，或者是延伸柱体划分出开放书房区域，也是一种有效利用空间的做法。

概念

3

楼梯下打造书墙、储物区、电视柜

楼梯下是最常见难以运用的小角落，而这并非只出现在大宅，有些复式空间也经常出现这样的问题，楼梯下的规划方式很多元，可以是一间独立的储藏室，或是整合电视柜，以及规划为书墙、展示层架，就能为空间扩充收纳量。

概念

4

临窗空间变卧榻，兼具休憩收纳功能

许多住宅临窗处会有大梁横亘，或是面临无法更动的结构柱，此时不如利用这个空间规划多功能卧榻，卧榻下可增设收纳区，或是在上方规划移动式茶几，形成雅致的喝茶角落，抑或是打造为悬空座椅，令功能更为多元。

赚3.3m²
案例学习

将粗柱化为造型，合并双L形餐厅、书房

空间设计及图片提供：工一设计

80cm × 80cm正方形柱体是位于餐厅、书房区内闪不开的结构，设计师顺势规划纯白平台、灯具环绕其上，同时运用清水模漆弱化、收敛柱体存在感，令设计难点反而变成住家特色。空间中存在着大型双L形，一个是水平环绕柱体的420cm大平台，长边作为餐桌，短边作为书桌；另一个则是从柱子连接处垂直拉出同色系木作收纳柜，同时兼具平台支撑功能，成为空间设计中的隐藏趣味彩蛋。

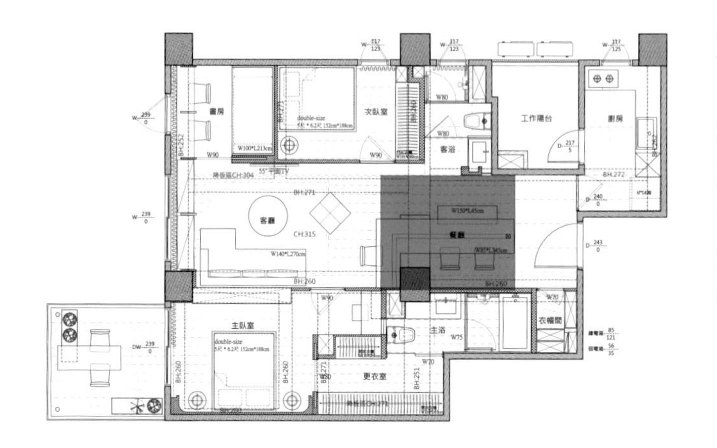

平面计划

放大、整合客餐厅、书房等公共区域，将卫浴间延伸出的电视墙面后退30cm，释放出过道，让空间更宽敞。

规划策略

工法 为了减少多余线条，白色灯具由上方水平一鼓作气转折、延伸至地面，转化为整个L形台面的支撑柱。

尺寸 顺应80cm×80cm正方形柱体，环绕打造长420cm大平台，长边设定为餐桌，短边则为书桌。

材质 人造石桌面搭配转折白铁灯柱，同时将立柱刷饰清水模漆，利用色彩、质感对比，达到视觉上的凸显与退缩效果。

赚1.65m²
案例学习

楼梯转角置入框架，打造孩子的秘密基地

两层楼计231m²空间，之前因为楼梯动线不佳，使得空间坪效不高，因此将楼梯移至中央，沙发后面，设计成通透的楼梯式样，让视觉感受轻量化，同时串联上下楼的动线，更可保持美好的垂直互动，让楼顶的光线能直射至楼下空间。并利用楼梯下方的小空间，设计孩子最爱的游戏间，充当秘密基地。

空间设计及图片提供：奇逸空间设计

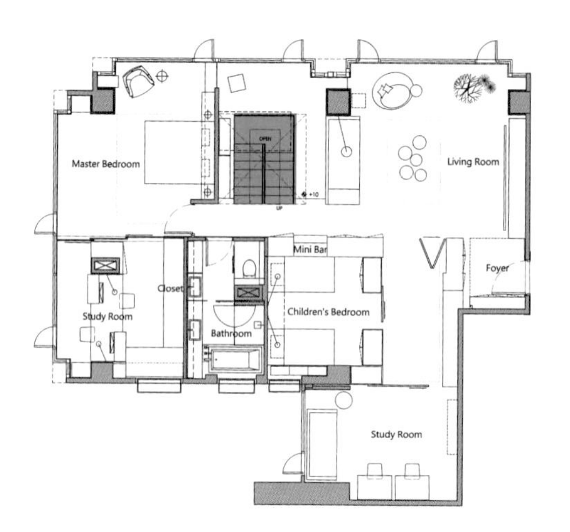

平面计划

将楼梯移至空间中央，串联上下垂直关系，通过玻璃扶手及轻量化梯体设计，让楼上的采光得以进入楼下空间。

规划策略

尺寸｜秘密基地盒子长、宽、高约为130cm、190cm、100cm，内部铺上软垫，成为孩子最爱玩捉迷藏的宝地。

工法｜用钢构铁管结构支撑楼梯重量，并与木作结合。

材质｜秘密基地运用6cm厚的钢构做支撑楼梯的骨架，外部用木作包覆并以喷漆处理。

赚6.6m²
案例学习

双轴长椅建立亲密关系，善用角落空间

空间设计及图片提供：怀特设计

将不同轴线的客厅与餐厅座位区，以两张长椅作L形串联设计，使两个区紧密结合节省了空间，进而放大了空间感，减少无用空间，同时也增加更多座位区，让空间的使用形态打破以往客厅归客厅、餐厅归餐厅的传统模式，增添更多使用区域，也增进互动关系。

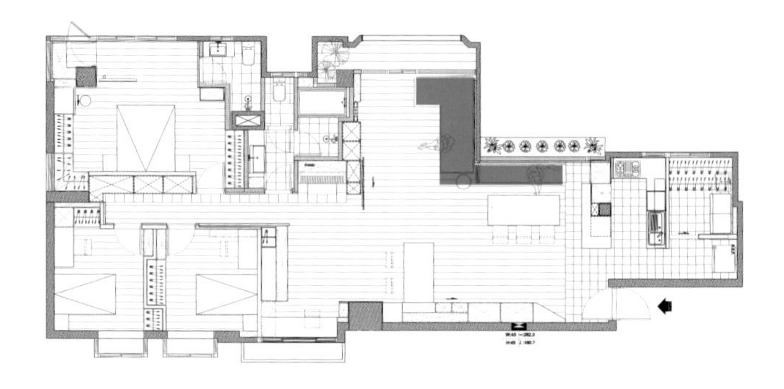

平面计划

将餐厅与客厅两区作为整体来设计，不仅消除了双区的界线，而且让客厅与餐厅的空间双双变大。

规划策略

尺寸｜客厅沙发为单边扶手的三人座尺寸，在右侧采用无靠背设计，恰好串联餐厅区的长椅。

工法｜客厅沙发为量身定做款，方便移动更换，而餐厅区则采用固定的木作设计。

材质｜客厅与餐厅选用不同颜色的布面沙发，除了界定出两个区域外，也考虑到餐区布面易被弄脏，应选用易维护的款式。

赚3.3m²
案例学习

凸出的窗台打造休憩平台、单人床与超强收纳区

空间设计及图片提供：Sim-Plex 设计工作室

在46.2m²的家中，次卧被分配到的面积不到6.6m²，设计师针对这一情况巧妙利用建筑物独特的凸出的窗台，以木作打造休憩平台，亦可作为一般单人床使用，卧房除了配有书桌与书架，书架上方墙面也被充分运用，额外增设一处收纳柜，而平台邻近窗户的地方，也借由窗台本身的凹结构，创造多20cm宽的收纳空间，创造麻雀虽小、五脏俱全的家居空间。

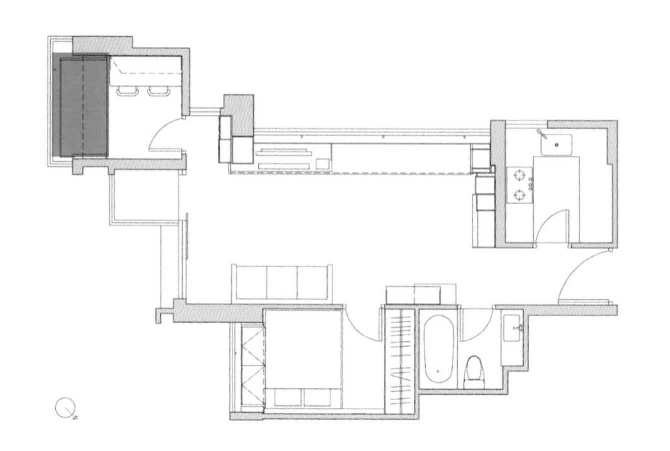

平面计划

以公寓窗景为格局配置的重点思考，次卧同样享有绿意盎然的景致，利用窗框为设计主轴，创造出与外部自然景观和谐的宁静画面。

规划策略

尺寸 床铺架高大约50cm，宽度约为90cm，为一般单人床的尺寸。

工法 为解决小空间的柜门开合问题，架高带来的收纳区采用滑门设计，方便使用。

材质 运用带有鲜明的自然木纹木材为主要材料，与户外景观氛围相互呼应。

边缘空间变成超好用工作区

空间设计及图片提供：怀特设计

床铺到窗户的距离说大不大，但不利用也是浪费，成为名副其实的边缘空间。因屋主希望在房间内设有工作区，于是设计师决定将临窗处的空间规划成长形书桌区，搭配右侧墙面层板可收纳书籍、小物，营造端景，实用又不占空间。另外，左侧橱柜区特别搭配开放层板作为书柜，让卧室的功能更多元。

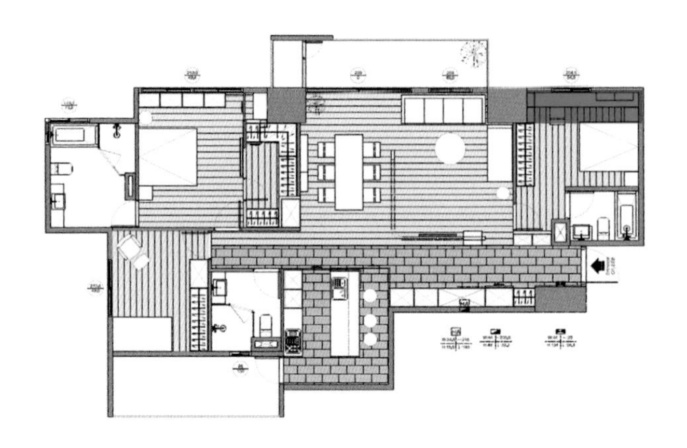

平面计划

窗边空间因狭长不好使用，设计师将其规划为长型工作区，在不影响动线与床头面宽的情况下增加一个实用空间。

规划策略

工法｜铁件层板纤薄、高硬度的特性，加上特殊的固定工法，让墙面看起来更利落有型。

尺寸｜超过300cm的长桌不仅可以作为书桌使用，更可成为置物端景，相当好用。

材质｜桌面采用金属美耐板，增加耐受性与质感，墙面层板书架则以铁件打造。

赚3.3m²
案例学习

柱体间的小空间，变身小书房

空间设计及图片提供：KC design studio 均汉设计

置入开放概念，打破传统封闭实墙隔间，重新诠释人与空间共存的紧密关系，配以乡村风的温暖调性与建材，让居室盈满儿时记忆，乍看分成三室，应用上却浑然一体，同时将沙发后的留白空间打造成开放式书房，不仅化解梁柱带来的尴尬与小空间的浪费，也创造公共空间互动感十足的生活形态。

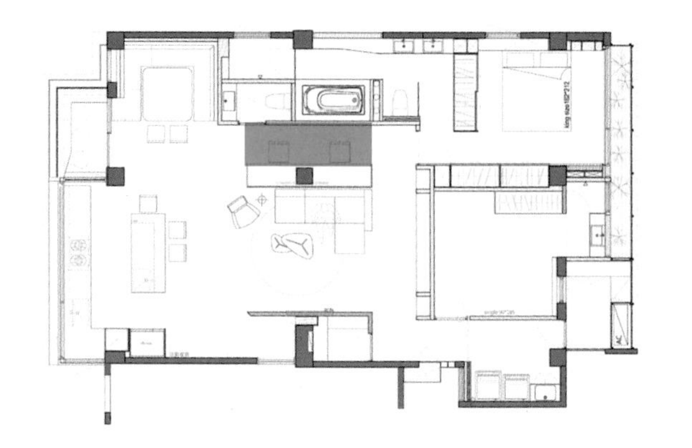

平面计划

开放式厨房、“U”字型的包厢用餐区等规划，使书房、客厅、餐厅与吧台融为一体。增加公共空间的面积。

规划策略

工法 家具或墙面，皆选用低高度设计或保有透空间隙，以确保光源不被阻隔。

材质 保留复古红砖、木横梁，墙面、梁柱铺以硬度较高的水泥材质装饰，呈现热闹的乡村风格。

尺寸 书房墙面的大面积留白，成为主人的艺术展示墙。

赚8.25m²
案例学习

运用小角落的120cm高度，衍生出游乐场与独处空间

空间设计及图片提供：构设计

仅仅49.5m²的空间，除了得满足小夫妻基本生活起居需求，偶尔父母拜访时，也要有暂时居住之处，更少不了未来家中添小朋友后的空间需要。设计师将原有格局打破，客房向里退缩让出自然光，仍保留原功能性，关上玻璃门、拉上窗帘，便拥有一间独立客房；电视墙后方正好是主卧更衣室，一侧的小空间经过设计后，成为家中可供一个人呆的安静角落，也可以是孩子们的游乐场。

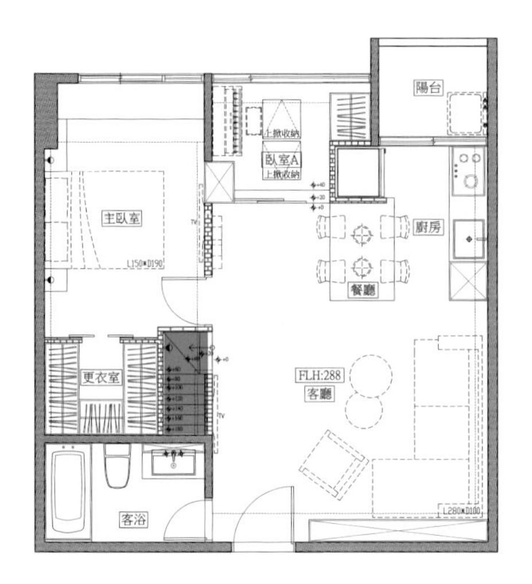

平面计划

偷取主卧上端空间，再变出一个小房间。

规划策略

尺寸 310cm高的屋型，上方的卧铺足足有120cm宽，丝毫没有任何局促感。

工法 一墙两面式的设计，在客厅中是电视墙，从侧面拾级而上创造出另一个小空间。

材质 为争取更多收纳空间，电视墙一侧以梧桐木皮打造旋转式阶梯，每一踏阶都暗藏抽屉柜。

赚3.3m²
案例学习

厨房设备藏于楼梯下，争取空间的最大使用面积

空间设计及图片提供：KC design studio 均汉设计

50 年屋龄的窄小老屋，设计师以“光源最大化”作为核心理念，移除部分天花板，改以强化玻璃打造贯穿的天井，让日光得以照入三个楼层，每层楼在没有隔间的设定之下，功能收纳区全部靠边设置，以换取最大使用面积，像是将一楼厨房设备藏于楼梯之下，而餐桌则置于天井正下方，让狭小的空间既可保有空间感与明亮度，也拥有充足的功能区。

平面计划

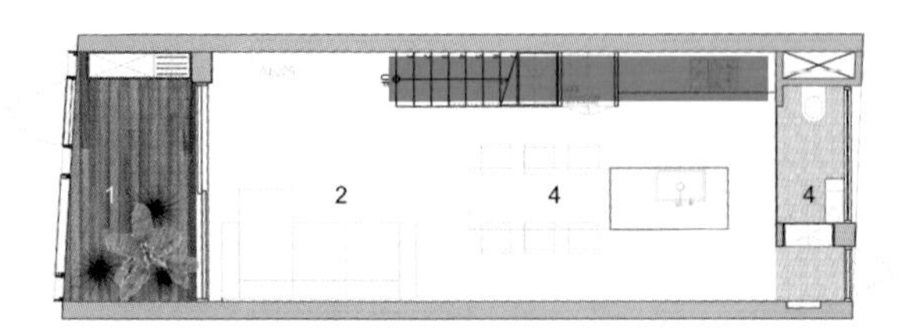

建筑物周边无辽阔窗景，改以“向上”“向内”作为空间发展方向，并减少隔间，打破传统厅房概念。

规划策略

工法 | 空间往垂直方向发展，梁与补强结构不刻意修饰或包覆，并以天井连通光线并产生挑高感。

材质 | 墙面以水泥粉光装饰，搭配不锈钢、实木、玻璃等材料，呈现干净利落的中性灰。

尺寸 | 在空间宽度仅3.7m的条件下，将柜体靠齐墙线，争取最大使用面积。

赚$1.65m^2$
案例学习

漂浮楼梯内嵌餐桌，暗藏收纳区

空间设计及图片提供：新澄设计

拥有特殊复式楼层的透天别墅，将旧有的水泥楼梯换成悬空楼梯，以白色系大理石搭配清玻璃，令体积庞大的笨重的楼梯瞬间变得轻盈，成为串联空间的美丽装饰。设计师更在踏阶中穿插实木长桌，赋予空间更多的变化，而 L形桌除了当作餐桌、书桌使用外，转角处台面上下都能作简单的展示及收纳，充分利用梯下坪效。

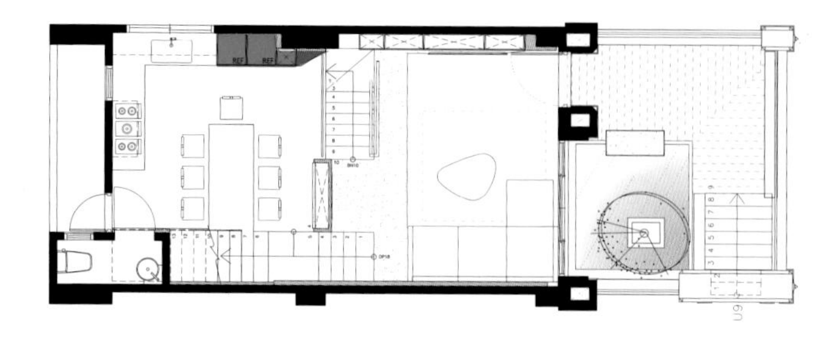

平面计划

解决楼层分割特殊，动线不良问题，调整楼梯踏数与材质，同时通过贯穿复式楼层的深灰立面隔屏，达到串联视线效果。

规划策略

尺寸　原木餐桌长2.4m，内嵌于楼梯踏阶当中，令光滑冰冷的大理石地面多了几分自然、温度，丰富复式楼层整体视觉效果。

工法　楼梯一端内嵌于墙壁，其主要承重部分在外侧，通过夹具固定于玻璃上，达到可供踩踏的安全标准。

材质　选择大理石、玻璃与不锈钢五金，打造轻盈，如漂浮般的面貌。

赚 $3.3m^2$
案例学习

楼梯整合厨房烹饪区、收纳空间

空间设计及图片提供：KC design studio 均汉设计

49.5m^2夹层空间，设计师洞察空间优点、再加以利用，替空间创造更多意料之外的可用面积，将玲珑小巧的开放式厨房藏于阶梯下方，通过墨黑色的石材打造料理台面，包含烹饪区和收纳区，所有功能一应俱全，并将玄关及客厅予以衔接，厨房后方则采用通透隔间引入自然光，相当具有巧思，完美创造小面积空间的大坪效。

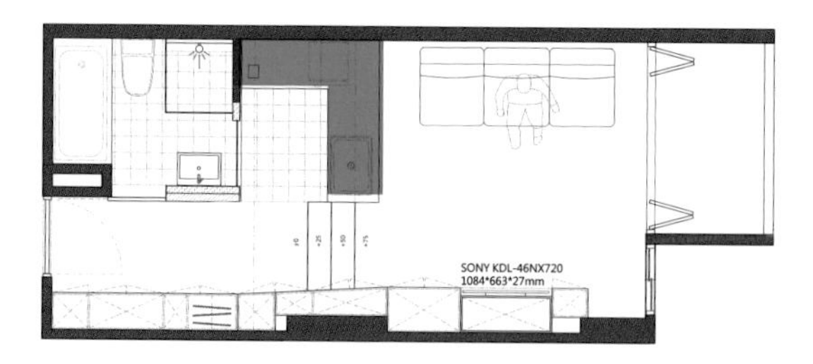

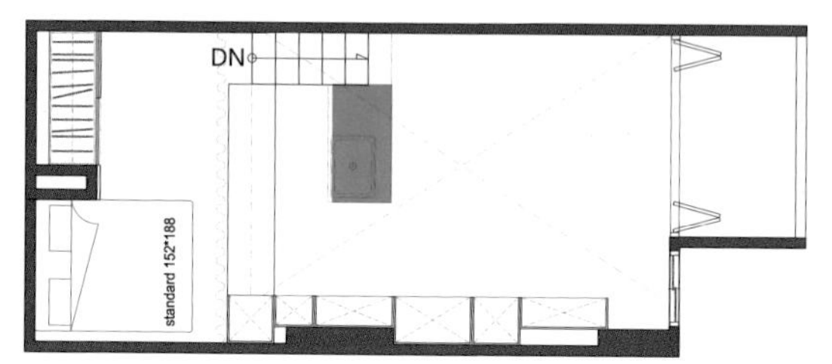

平面计划

入口处左侧为洗手间，将卫浴间及厨房管线集中，保有厅室方正感，并加做二楼夹层，明确划分公私区域范围。

规划策略

工法 黑色台面和楼梯连成一体，花砖则从地板延伸至墙面，颠覆材料使用的刻板观念，重新定义空间。

尺寸 利用楼高优势，加设二楼睡眠区，并选用低矮床具保持天花板高度，兼顾私人领域的功能。

材质 厨房台面选用亮泽感石材，结合水泥墙、花砖、家饰等做混搭，呈现活泼的Loft风格。

墙柜内嵌电脑桌取代书房

空间设计及图片提供：耀昀创意设计

屋主为都会单身女性，设计师首先在规划空间时选定以黑白色彩为主，营造出都会感。为了在卧室中打造走入式更衣间，必须在其他空间运用上更加精算，因此，将床边狭窄不好使用的小区块仔细规划成电脑、书桌以取代书房，同时上下方均有收纳设计，提升不少空间坪效。

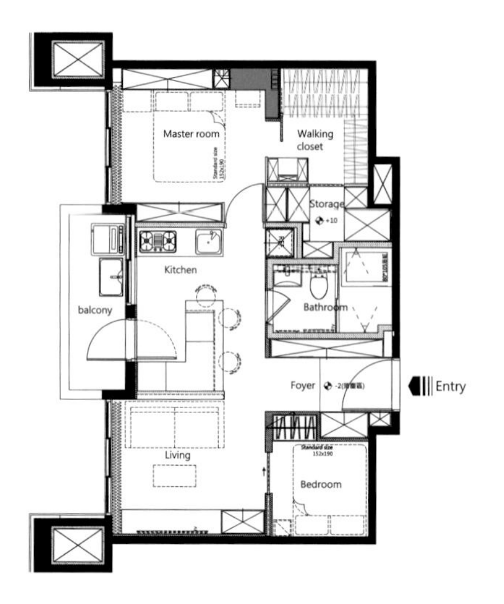

平面计划

主卧房规划专属更衣间，并运用拉门设计，带来开阔的视野。

规划策略

尺寸｜两个分别为45cm、35cm宽的桌面，便于摆放电脑显示屏。

材质｜墙面采用大理石纹的铺面搭配石材桌面，令小空间也很精致。

工法｜L形转折设计让桌面更长、更好用，同时右侧桌面恰好可以摆放滑鼠。

赚$6.6m^2$
案例学习

斜向电视墙，调整不规整格局，创造收纳区，带来放大视感

空间设计及图片提供：耀昀创意设计

住小房子就不能享受看大电视的乐趣吗？为了解决屋主心中的烦恼，设计师绞尽脑汁从格局入手来解决问题。考虑到原本格局中客厅空间小，没有足够的电视收视距离，加上格局不方正，因此，干脆把电视墙拉到最远端以斜向角度重新打造墙面，并将沙发配合斜墙角度摆放，让原本不及3m深的客厅得以放大1.5倍以上，收视距离与客厅格局也跟着放大。

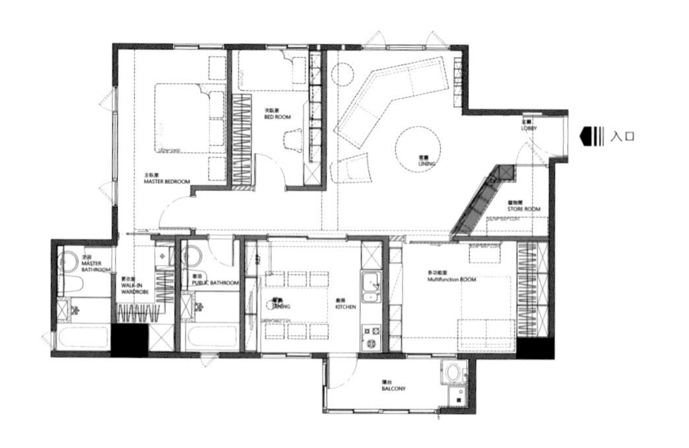

平面计划

舍弃原本过小且不方正的客厅格局，将斜墙与动线纳入客厅区，重新思考空间的使用方案。

规划策略

工法 将玄关的收纳区与电视墙结合设计，让电视墙的侧面与后方能作为玄关柜与收纳区使用。

材质 白色系为主，搭配浅色木皮，塑造舒适氛围。

尺寸 改造后电视墙与沙发的距离约4.8m，令客厅变大不少。

赚6.6m^2
案例学习

无用窗边区化身卧榻、游戏区与收纳区

空间设计及图片提供：耀昀创意设计

通过格局的改造，将客厅向外延伸，规划出休闲卧榻，同时将电视墙旁边宽达65cm的大柱体重新利用，改以层板装饰，不仅可摆设照片、旅游纪念品，也成为美丽端景。而可供聊天、小憩的卧榻下方也增设了抽屉柜，让原本无用的窗边区变成超好用的收纳区。

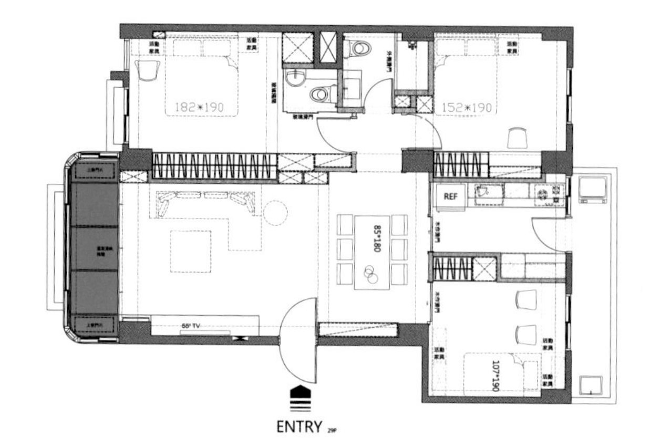

平面计划

将窗边改造为卧榻区，增加内部使用空间，并成功将户外的自然光引进室内。

规划策略

材质 以木皮与鹅黄墙漆在窗边构建休憩区，让美式乡村风格的家更有风情。

工法 利用建筑外窗的窗型设计置物平台，可以在此养花植草，增加生活情趣。

尺寸 长、宽、高达320cm、140cm、45cm的休闲卧榻相当宽敞，也可作为孩子游戏区，并提供不小的收纳空间。